权威·前沿·原创

皮书系列为
"十二五""十三五"国家重点图书出版规划项目

BLUE BOOK

智 库 成 果 出 版 与 传 播 平 台

大数据应用蓝皮书
BLUE BOOK OF DATA APPLICATIONS

中国大数据应用发展报告 *No.5*（2021）

ANNUAL REPORT ON DEVELOPMENT OF BIG DATA APPLICATIONS IN CHINA
No.5 (2021)

中国管理科学学会大数据管理专委会
国务院发展研究中心产业互联网课题组

主　编 / 陈军君
副主编 / 吴红星　张晓波　端木凌

社会科学文献出版社
SOCIAL SCIENCES ACADEMIC PRESS (CHINA)

图书在版编目（CIP）数据

中国大数据应用发展报告 . No. 5，2021 / 陈军君主
编 . -- 北京：社会科学文献出版社，2021.11
（大数据应用蓝皮书）
ISBN 978 - 7 - 5201 - 9153 - 1

Ⅰ.①中… Ⅱ.①陈… Ⅲ.①数据管理 - 研究报告 -
中国 - 2021 Ⅳ.①TP274

中国版本图书馆 CIP 数据核字（2021）第 198065 号

大数据应用蓝皮书
中国大数据应用发展报告 No. 5（2021）

主　　编／陈军君
副 主 编／吴红星　张晓波　端木凌

出 版 人／王利民
责任编辑／刘学谦　仇　扬
文稿编辑／聂　瑶
责任印制／王京美

出　　版／社会科学文献出版社·当代世界出版分社（010）59367004
　　　　　地址：北京市北三环中路甲 29 号院华龙大厦　邮编：100029
　　　　　网址：www. ssap. com. cn
发　　行／市场营销中心（010）59367081　59367083
印　　装／三河市东方印刷有限公司

规　　格／开本：787mm×1092mm　1/16
　　　　　印张：19.25　字数：288 千字
版　　次／2021 年 11 月第 1 版　2021 年 11 月第 1 次印刷
书　　号／ISBN 978 - 7 - 5201 - 9153 - 1
定　　价／168.00 元

大数据应用蓝皮书专家委员会

（按姓氏笔画排序）

大数据应用蓝皮书编委会

（按姓氏笔画排序）

主　编　陈军君

副主编　吴红星　张晓波　端木凌

编　委　丁　陈　丁泓竹　于　灏　王　仲　王国荣

　　　　　王智慧　孔晨晨　甘志伟　甘　翔　叶迎春

　　　　　邬登东　刘　伟　刘贵全　刘素蔚　汤　伟

　　　　　祁学豪　孙　明　花如中　李子涵　李心达

　　　　　李汪红　李　勇　汪　中　张小菲　张仁勇

　　　　　张成龙　张　沛　张维杰　张　焱　张　穗

　　　　　陈录城　邵　涛　武　涛　范　寅　范　鹏

　　　　　周耀明　赵　磊　柳占杰　姜良维　高中成

　　　　　唐晓梦　梁晓梅　隋明军　蔡俊武

主要编撰者简介

姜良维　公安部交通管理科学研究所技术领域首席、二级研究员、一级警监警衔、博士生导师、国家工程实验室副主任，公安部电子物证和声像资料鉴定人，国家第六次技术预测交通和公安领域专家。长期从事车辆智能监控、视频图像智能分析、交通行为执法干预等关键技术研究及装备研发，解决了我国公安领域多项重大技术难题，为卡口车辆监控和电警取证执法做出了重要贡献，是我国机动车动态行为监控和交通图像应用的开拓者和学术带头人，荣获中共中央、国务院、中央军委联合颁授的建国70周年纪念章，先后获国家科学技术进步二等奖2次，制定国家及行业标准16项，享受公安部部级津贴、国务院政府特殊津贴。

叶迎春　高级工程师，人社部部一级人力资源管理师。现任中共江苏省未来网络创新研究院委员会副书记，南京未来网络产业公司常务副总经理，未来网络技术研究所副所长。江苏省产业技术研究院JITRI青年研究员，网络通信与安全紫金山实验室工业互联网中心主任，中国工业互联网产业联盟"5G＋工业确定性网络实验室"副主任，南京工业互联网产业联盟副理事长，江苏省委网信办首批网络安全专家组专家，西交利物浦大学产业导师，中国联通国际移动互联网国际创业中心创业导师。主要研究方向为工业互联网高质量外网、工业互联网低时延内网、工业互联网创新应用、工业互联网安全等。

高中成　中共党员，理学硕士、高级工程师，现任中关村协同发展投资有限公司党总支书记、董事长。长期工作在中关村，致力于科技园区策划、投资、开发建设、产业组织服务16年，拥有丰富的产业园区统筹开发经验，对中关村创新创业的生态理念、产业组织服务体系的搭建拥有独到见解，是中关村协同发展投资有限公司对外区域合作的领路人和实践者。他先后成功策划实施天津华苑软件园和天津软件出口基地、合肥中关村协同创新智汇园、石家庄鹿泉中关村协同创新中心等项目；发起成立并操盘无锡中关村软件园、中关村协同发展投资有限公司、天津京津中关村科技城发展有限公司。荣获中国产业园区创新发展高峰论坛"中国产业园区杰出人物贡献奖"。

蔡俊武　山西大同人，1991年7月毕业于北京师范大学数学系计算机科学专业，大学本科，现任大同市人民政府信息化中心（大同市12345政务服务便民热线中心、大同市政府公报室）主任，信息系统项目管理师，高级工程师，中国电子政务理事会理事、山西省安全协会理事、山西省政采专家等。主要负责全市电子政务外网、市政府门户网站群、政府OA协同办公系统、12345政务服务便民热线处办系统等全市性电子政务信息系统建设与运维，在政府信息化建设及应用方面具有扎实的理论水平和丰富的实践经验。市12345热线荣获2019年山西五四青年奖、2020年全国12345热线年会"骏马奖"。

陈录城　北京大学工商管理硕士，研究生学历，正高级工程师。海尔卡奥斯物联生态科技有限公司董事长，国家智能制造专家咨询委员会委员、国家两化融合管理体系领导小组成员、国家工业互联网产业联盟副理事长、联合国工发组织第四次工业革命产业联盟国别顾问、工业互联网推进委员会副主任委员。目前负责海尔集团智能制造和工业互联网战略的总体推进工作，打造了全球首个用户全流程参与体验的卡奥斯COSMOPlat工业互联网平台，致力于构建共创共赢、增值分享的生态体系，实现用户终身价值，助力广大中小企业数字化转型升级和模式创新。

摘　要

2021 年是"十四五"开局之年，"加快数字化发展，建设数字中国"已成共识。"打造数字经济新优势，坚持新发展理念，营造良好数字生态"，成为我国"十四五"时期重要目标任务。与之对应，数字化转型将是各行各业未来工作重点，而大数据是数字化转型的核心基础——如果无法让数据引导认知，产业创新和产业升级就无法实现。大数据在各行各业的深入应用越发显得重要，也是中国经济实现高质量发展的重要支撑。

"大数据应用蓝皮书"由中国管理科学学会大数据管理专委会、国务院发展研究中心产业互联网课题组和上海新云数据技术有限公司联合组织编撰，是国内首本研究大数据应用的蓝皮书。

该蓝皮书旨在描述当前大数据在相关行业、领域及典型场景应用的状况，分析当前大数据应用中存在的问题和制约其发展的因素，并根据当前大数据应用的实际情况，对其发展趋势做出研判。

《中国大数据应用发展报告 No. 5》（2021）卷分为总报告、热点篇、案例篇、探究篇四个部分，展现了新一轮数字经济新浪潮以 5G、人工智能、大数据等新一代数字技术融合应用的新特点。

《中国大数据应用发展报告 No. 5》（2021）卷聚焦"数字化转型——赋能数字经济发展"，对大数据在政务、考古、医疗健康、金融、电力、制造等多个行业应用的最新态势进行了跟踪，组织编撰了相关实践案例。本期报告收集了我国工业大数据在葡萄酒产业的发展应用、基于深度学习的城市道路速度预测、基于人工智能技术的政务服务数智化升级等大数据融合应用热

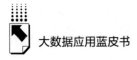

点案例，并展开深入分析。

　　"激发数据要素新动能，开启数字中国新征程""数据创造价值创新驱动未来"分别是2021年"第四届数字中国建设峰会"和"2021中国国际大数据产业博览会"的主题。与此同时，各地政府在其"十四五"发展规划中，都表示力争实现数字赋能，推动数字经济和实体经济深度融合，构建数字政府，进一步打造数字社会。而2021年政府工作报告提出的乡村振兴、碳达峰碳中和等热点问题，也无不与大数据应用、数字化转型密切关联。

　　然而从已有的实践看，当前我国大数据应用仍处于初级阶段，体现为：大数据描述性、预测性分析应用较多，能够指导实践的决策性分析应用较少。纵观全局，我国在大数据行业应用方面做了较为广泛的探索和尝试，并取得积极成果，但仍存在有效治理体系有待完善、底层技术薄弱、行业应用亟须深化等问题。

　　"数字中国"的数字化征程路远且长，"大数据应用蓝皮书"将一如既往地关注中国大数据应用实践，希望能在2022年带给读者更多更好的数字化转型、数字孪生、数字政府、数字乡村、数字双碳等热点案例。

关键词： 数字中国　数字经济　数字化转型

序一　大数据是数字化转型的核心基础

陈国良[*]

当今社会，产业变革和科技革命日新月异。数字经济蓬勃发展，深刻改变着人类的生产生活方式，对经济社会发展、全球体系治理、人类文明进程影响深远。习近平总书记指出，世界经济数字化转型是大势所趋。《中华人民共和国国民经济和社会发展第十四个五年规划和2035年远景目标纲要》将"加快数字化发展，建设数字中国"作为第五篇章；将打造数字经济新优势，坚持新发展理念，营造良好数字生态，作为"十四五"时期重要目标任务之一。这表明，我国各行各业将会以惊人的速度加入数字化转型的行列，促进行业的高质量发展。

数字化目标虽然明确，但大多数企业却"不知道该怎么做"，很多企业做个网站、开个电商平台、上一套进销存管理系统就以为完成了数字化转型。如此的数字化转型，其回报往往远远低于预期，自然打击了企业在数字化领域投入的积极性。随着数字化进程的逐步深入，难点与困难也越来越清晰，大数据在数字化转型过程中的重要性、不可替代性也越来越得到认可：如果无法让数据引导认知，任何产业创新和产业升级只能是一厢情愿。

对企业而言，数字化转型具有目标明确、形势紧迫、难于实施等特点。数字化转型是从管理层面对企业进行重构的过程，需要完成从资产数字化转

---

[*] 陈国良，并行算法、高性能计算专家，中国科学院院士，中国科学技术大学教授、博士生导师，国家高性能计算中心（合肥）主任。

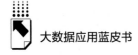

化为数字资产化的过程，这个过程是循序渐进的，需要多次蜕变。大数据一直是数字化转型的核心基础，也是需要解决的核心问题。纵观目前涉足数字化转型的企业，其大数据主要呈现以下几种形态及相关特点：

安全化的大数据：

具有一定的信息化，基础架构云化；

初步的数据基础，如管理软件、网站、公众号等；

实现不同领域及部门的数据互通，消除信息孤岛；

敏捷交付，并在部分经营环节实现数字化；

企业决定需要进行数据化转型，基础性工作就是要建立安全化的大数据，数据的安全性是首要的工作重点；其次就是数据的互通性和可靠性。数字化转型的过程中可能会采用多种软件工具，这就需要将各软件工具产生的数据打通，相互可以访问，同时也需要做好防护，以确保数据的准确和可靠，这样就可以实现跨软件进行数据驱动业务流程。

智慧化的大数据：

数据驱动文化；

使用人工智能、5G、区块链等新兴技术对数据进行采集、分析、存贮；

数据建模，通过数据孪生进行信息化管理；

组织架构和商业模式变革；

新兴技术不断涌现，人工智能、数据挖掘、数字孪生等技术逐步成熟，企业要善于学习掌握各类新知识新技能，并运用到数字化转型的实践中去，通过大数据运算，自动地总结过去、评估现在、预测未来，降低试错成本，让大数据为企业的发展战略提出建议。

生态化的大数据：

每个单位都将成为一个独立的生态节点；

每个生态节点都将融入相应的生态池中；

单位都将会从生态池中获取更多的知识，促进单位的良性发展；

这种形态的产生，不是一家单位可以完成的，它是建立在社会团体的数字化转型基础之上的，各种社会团体如协会、学会、专利联盟等组织，组建专业的、有权威性的生态池，每个生态节点接入生态池后，不仅可以打通上、下游生态节点之间的数据，通过大数据提高生产效率，而且还可以学习到行业发展的标准和目标，这些大数据可以引导企业朝着正确的方向发展。

数字化转型任重道远，在这个过程中，大数据始终是数字化转型的核心角色，希望通过政府引领、社会支持、企业创新等各方艰苦卓绝的努力，让大数据安全自由地流通、在流动中产生价值、指导生产经营活动、透过活动来揭示经营的深层规律，这是我们共同的目标。

由中国管理科学学会大数据管理专委会、国务院发展研究中心产业互联网课题组和上海新云数据技术有限公司联合组织编撰的"大数据应用蓝皮书"，为国内研究数字化转型提供了重要的学习和参考依据。本卷蓝皮书提供了相关的案例，供读者们参考。

在此，向中国管理科学学会提出期望：希望学会能够发挥更大的领导与示范作用，整合中国优秀的专家资源与力量，为中国数字化转型事业劈山筑路。再次感谢"大数据应用蓝皮书"编委会为我国数字化转型做出的贡献。

序二　大数据应用发展方兴未艾

王晓明[*]

大数据作为一种新技术力量在我国强化产业创新能力、支撑数字经济健康发展、提升国家治理现代化水平、保障和改善民生的过程中发挥着关键作用。我国政府高度重视大数据，2014 年大数据战略被首次写入政府工作报告；2016 年国家"十三五"规划中提出"实施国家大数据战略"；2019 年，党的十九届四中全会首次将数据列为生产要素；2020 年中共中央、国务院发布《关于新时代加快完善社会主义市场经济体制的意见》，将数据要素市场化配置上升为国家战略。目前，大数据应用的政策、资本以及市场环境已经逐渐成熟，大数据成为我国数据经济的重要驱动。

随着大数据应用的深入展开，大数据在产业转型、民生服务、社会治理方面的作用凸显。以数据驱动管理、数据驱动生产、数据驱动销售、数据驱动协同等大数据应用模式正在形成，大数据在经济社会发展中的引领作用逐渐体现。目前我国大数据应用从深度和效果看，描述性应用、预测性应用较多，决策类应用尚有巨大潜力。随着数据资源的逐步汇集与梳理，数据价值的逐步挖掘与交换，数据代表的业务价值与知识逐步获得重视与理解，大数据将具备更大的赋能作用，将在自动驾驶，军事指挥，医疗健康等与人类生命、财产、发展和安全紧密关联的领域发挥重大作用。

---

[*] 王晓明，博士，中国科学院科技战略咨询研究院研究员，科技发展战略研究所副所长，产业科技创新研究中心执行主任。

　　我国在大数据应用行业做了较为广泛的探索和尝试，并取得积极成果，然而仍然存在有效治理体系有待完善、底层技术薄弱、行业应用亟须深化、与实体经济融合程度有待于进一步强化等问题，这些问题成为中国进一步加速发展大数据应用的拦路虎。随着中国致力于推动包括数据确权、数据定价、数据交易、数据流通机制等数据要素市场化，大力发展自主可控的数据互联共享平台，加大加强数据采集基础设施配置建设，我国的数据交易机制与商业模式将逐步明晰，数据设施基础、数据交易、数据技术等将迎来新的发展机遇。

　　《中国大数据应用发展报告 No. 5》（2021）即将付梓，中国管理科学学会大数据管理专业委员会的各位专家、编委为此付出了艰苦的努力并取得了成果。作为跟踪与研究中国大数据应用发展的年度参考性报告，本卷对于大数据应用的典型案例进行了较为全面系统的分析，对政务、考古、医疗健康、金融、电力、制造等多个行业应用的最新态势进行了前沿跟踪。通过系统全面的分析我国大数据应用的整体情况与前沿进展，为政府和相关行业部门深化大数据应用，把握大数据未来发展趋势提供了系统性思路和重要参考。

　　中国大数据应用的持续发展并非朝夕之功，仍需循序渐进，稳步前进，同时需要社会各界的支持与协同努力。

目 录 ◥ ⬡⬡⬡⬡⬡

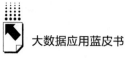

Ⅲ 案例篇

Ⅳ 探究篇

皮书数据库阅读使用指南

总 报 告

General Report

B.1

转型·驱动："十四五"时期中国数字化
发展的关键

大数据应用蓝皮书编委会*

摘　要：　"十四五"规划和2035远景目标纲要、2021年政府工作报告分
别对中国数字化发展提出了明确要求，加快建设数字经济、
数字社会、数字政府，以数字化转型驱动全方面系统变革。
在"十四五"开局之年，对中国数字化发展情况进行调研分
析，立足"十三五"期间中国数字化产业发展成就，对未来
中国数字经济新形势做出研判。重点关注数字化转型、数字
孪生、数字政府和数据立法等数字化应用情况。此外，结合
2021年政府工作报告提出的乡村振兴、碳达峰、碳中和等热
点问题，以数字化的视角展开调研分析。"十三五"期间中
国数字化发展多点开花，全球领先优势凸显，将在"十四

---

* 大数据应用蓝皮书编委会起草。

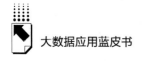

五"期间进一步加速。"十四五"期间，着眼战略全局与全球思维，中国将以数字化转型驱动高质量发展，保持全球数字化发展优势与树立标杆地位。

关键词： 数字经济　数字化转型　数字孪生　数字政府　数据立法

一　研究背景

2014 年，"大数据"首次写入《政府工作报告》，随着国家《大数据产业发展规划》的出台，党的十九大报告提出加快推动大数据与实体经济深度融合。我国相继出台了一系列相关政策，从全面、总体规划逐渐朝各大产业、各细分领域延伸，营造出了利好的政策环境，促进大数据产业逐步从理论研究向实际应用之路发展。2017 年 12 月 8 日，中共中央政治局就实施国家大数据战略进行第二次集体学习，习近平在学习时强调：要实施国家大数据战略，加快建设数字中国。

党的十九届五中全会、《中华人民共和国国民经济和社会发展第十四个五年规划和 2035 年远景目标纲要》提出，迎接数字时代，激活数据要素潜能，推进网络强国建设，加快建设数字经济、数字社会、数字政府，以数字化转型整体驱动生产方式、生活方式和治理方式变革。时代的发展，要求我们加快数字化发展，建设数字中国①。2021 年两会政府工作报告②指出，加快数字化发展，打造数字经济新优势，协同推进数字产业化和产业数字化转型，加快数字社会建设步伐，提高数字政府建设水平，营造良好数字生态，

---

① 《中华人民共和国国民经济和社会发展第十四个五年规划和 2035 年远景目标纲要（草案）》摘编，《人民日报》2021 年 3 月 6 日。
② 李克强：《政府工作报告》，2021 年 3 月 12 日，http：//www.gov.cn/guowuyuan/zfgzbg.htm。

建设数字中国①。

以数字中国、大数据为主题的高峰论坛已经连续多年召开，对加快中国数字化发展进程具有一定的促进作用。例如，2018 年 4 月，"以信息化驱动现代化，加快建设数字中国"为主题的首届数字中国建设高峰论坛在福州召开；2019 年 5 月，以"创新发展·数说未来"为主题的 2019 中国国际大数据产业博览会在贵阳召开；2021 年 4 月，以"激发数据要素新动能，开启数字中国新征程"为主题的第四届数字中国建设高峰论坛在福州市召开；2021 年 5 月，以"数据创造价值 创新驱动未来"为主题的 2021 中国国际大数据产业博览会在贵阳召开。

在"十四五"开局之年，本报告对中国数字化发展情况进行调研分析，立足"十三五"期间中国数字化产业发展成就，分析了"十四五"开局之年中国数字经济新形势。重点关注数字化转型、数字孪生、数字政府和数据立法等数字化应用情况。此外，还结合 2021 年政府工作报告提出的乡村振兴、碳达峰碳中和等热点问题，从数字化的视角展开调研分析。

"十三五"期间，各地各部门认真贯彻党的十九大和十九届二中、三中、四中、五中全会精神，扎实推进数字中国建设，已经取得决定性进展和显著成效，信息基础设施规模全球领先，数字经济持续快速增长，数字化创新能力进一步增强。

（一）基础设施建设全球领先

我国建成了全球规模最大的光纤网络和 4G 网络，固定宽带家庭普及率由 2015 年底的 52.6% 提升到 2020 年底的 96%，移动宽带用户普及率由 2015 年底的 57.4% 提升到 2020 年底的 108%，全国行政村、贫困村通光纤和通 4G 比例均超过 98%。5G 网络建设速度和规模位居全球第一，已建成 5G 基站 71.8 万个，5G 终端连接数超过 2 亿。移动互联网用户接入流量由 2015 年底的 41.9 亿 GB 增长到 2020 年的 1656 亿 GB。国家域名数量保

---

① 王春晖：《加快数字化发展，建设数字中国》，《经营管理者》2021 年第 5 期。

持全球第一位。互联网协议第六版（IPv6）规模部署取得明显成效，固定宽带和移动 LTE 网络 IPv6 升级改造全面完成，截至 2020 年底，IPv6 活跃用户数达 4.62 亿。北斗三号全球卫星导航系统开通，全球范围定位精度优于 10 米。

（二）数字经济快速增长

数字经济持续快速增长，成为推动经济高质量发展的重要力量。我国数字经济总量跃居世界第二，成为引领全球数字经济创新的重要策源地[①]。2020 年，我国数字经济规模由 2005 年的 2.6 万亿元增长至 2020 年的 39.2 万亿元。数字经济占 GDP 比重逐年提升，由 2005 年的 14.2% 提升至 2020 年的 38.6%。数字产业化规模持续增长，数字经济软件业务收入从 2013 年的 3 万亿元增长至 2020 年的 8.16 万亿元，互联网收入从 2013 年的 3000 亿元增长至 2020 年的 1.28 万亿元，计算机、通信和其他电子设备制造业主营业务收入由 2016 年的 10 万亿元增长至 2019 年的 11 万亿元。大数据产业规模从 2016 年的 0.34 万亿元增长至 2020 年的超过 1 万亿元。产业数字化进程提速升级，制造业重点领域企业关键工序数控化率、数字化研发设计工具普及率分别由 2016 年的 45.7% 和 61.8% 增长至 2020 年的 52.1% 和 73%。我国电子商务交易额由 2015 年的 21.8 万亿元增长到 2020 年的 37.2 万亿元。信息消费蓬勃发展，2015 年至 2020 年，我国信息消费规模由 3.4 万亿元增长到 5.8 万亿元[②]。

（三）数字化创新能力稳步提升

数字化创新能力进一步提升，根据世界知识产权组织发布的排名显示，我国全球创新指数排名从 2015 年的第 29 位上升至 2020 年的第 14 位。据赛迪顾问统计，2008～2019 年中国大数据专利总量持续增长，部分国内骨干

---

① 乔岳：《数字经济促进高质量发展的内在逻辑》，《人民论坛·学术前沿》2021 年第 6 期。
② 中国信息通信院：《中国数字经济发展白皮书》，2021 年 4 月。

企业已经具备了自主研发产品的能力，一批大数据领域的独角兽企业也在快速崛起①。自 2014 年起，专利数量开始飞速增长，到 2019 年，中国共拥有大数据相关专利数量达 32301 项。2014～2019 年，全国大数据产业发展较好的地区新增专利数量均呈现上升趋势。2019 年单年的新增专利数量达9818 项，其中发明专利占比达 63.04%，实用新型专利占比达 34.26%，外观设计占 2.7%。我国大数据创新市场竞争主体呈多样化，创新主体主要包括企业、院校、研究所、个人和政府机构等类型。进一步研究发现，企业和科研院所是大数据创新的主力军，数据显示，2019 年，两者合计贡献了9504 项专利，占到了全年新增数量的 96.8%，推动着中国经济社会发展和创新市场竞争②。

二 "十四五"开局之年数字经济新形势

截至 2021 年 2 月，全国 221 个城市发布了《关于制定国民经济和社会发展第十四个五年规划和二〇三五年远景目标的建议》，有 198 个城市将数字经济作为专题给出了具体的发展规划建议，因地制宜确定数字经济发展目标、路径和建设重点，162 个城市已发布规划全文。大数据、5G、人工智能、工业互联网、云计算等成为"十四五"期间优先发展的技术方向；数字经济、智慧城市、数字政府、数字社会、数字乡村等成为"十四五"期间数字经济发展的重要着力点③。"十四五"开局之年，数字经济呈现良好发展态势，投资消费持续高速增长，各地积极出台相关政策，数字经济创新能力进一步提升。

数字经济各项指标增速持续增长，截至 2021 年上半年，高技术产业投资同比增长 23.5%，其中计算机及办公设备制造业、电子商务服务业投资

---

① 新华三集团：《中国城市数字经济指数蓝皮书》，2021 年 4 月。
② 王竞一：《2020 中国大数据产业态势分析》，《软件和集成电路》2020 年第 10 期。
③ 胡拥军：《"十四五"数字经济开局呈现新特征》，2021 年 7 月 30 日，https：//m.thepaper.cn/baijiahao_ 13816720。

分别同比增长 47.5%、32.9%；2021 年上半年全国网上零售额 61133 亿元，同比增长 23.2%，其中，实物商品网上零售额 50263 亿元，增长 18.7%，实物商品网上零售额占社会消费品零售总额的比重为 23.7%；2021 年 1～5 月，软件业实现出口 191 亿美元，基本恢复至 2019 年同期水平，规模以上电子信息制造业累计实现出口交货值同比增长 21.3%，其中出口笔记本电脑、手机、集成电路分别为 8739 万台、3.8 亿台、1263 亿个，同比增长 53.6%、24%、39.6%，出口规模大幅上涨①。

各地积极推动数字化改革和数字化转型，为数字经济发展提供政策制度保障和环境动力。以浙江省为代表的 6 个省市共同创建"国家数字经济创新发展试验区"，开展深入的改革探索，围绕加速实体经济数字化转型，研究构建更加适应数字生产力进步的生产关系，建立适应平台经济、共享经济等新业态发展要求的管理制度，探索数据高效安全流通和应用的政策制度。特别是浙江省，以"数字化改革"为主线，研究出台了一系列政策文件如《浙江省数字经济促进条例》，推动全省范围内的深化改革和革故鼎新，全面引领数字经济新产品、新模式、新业态、新就业、新消费、新生活方式。根据工信部数据，2021 年 1～5 月，直播、短视频等新模式带动网络销售持续活跃，生产、生活类服务平台快速恢复，在线教育服务、网络游戏等领域迅猛发展。

集成电路制造装备和材料加快发展，基础软件取得一定突破，相关信息等领域取得一批重大科技成果。统信操作系统（UOS）、"鸿蒙 OS"智能终端操作系统等相继推出，智能语音识别、云计算及部分数据库领域具备全球竞争力，中国企业的 5G 专利总申请量占比达 32.97%，居全球首位。数字技术的进步有效推动了数字经济相关产业在疫情影响下逆势增长。2021 年上半年工业机器人、集成电路产量同比分别增长 69.8%、48.1%，信息传输、软件和信息技术服务业增加值同比分别增长 21.0%、20.3%。

---

① 新闻：《通信世界》2021 年 7 月 1 日。

三　数字化应用情况

（一）数字化转型

在国家政策推动、数据要素驱动、龙头企业带动、科技平台牵动、产业发展联动等多方面因素的共同推动下，我国数字化转型的效果初步显现，传统产业数字化转型整体进度加快。一方面，消费互联网不断创新引领服务业率先转型，正深刻改变人们的生活方式。另一方面，越来越多的互联网巨头企业以及重点行业的骨干企业通过科技平台建设将各自关于数字化实践的经验赋能中小企业，形成对上下游相关主体的支撑，实现从内部数字化到科技平台赋能的产业链协作。

《中国企业数字化转型研究报告》[①] 指出，中国企业数字化转型的整体成熟度，以及数字化转型在企业中的战略高度均有提升。国内众多行业龙头企业的数字化转型，已经从最初的探索尝试阶段发展到数字化驱动运营阶段，转型效果显著，数字化已从企业个体转型上升到产业协同升级，加速了产业生态的变革与重构。疫情向企业数字化转型提出了挑战，迫使企业强烈地意识到数字化转型的重要性和迫切性，加快了各类数字化项目的建设和上线速度。人工智能和机器学习在众多行业中找到落地场景，成为帮助传统企业数字化转型的重要工具。数字化转型对企业提出了业务和技术双轮驱动的要求，业务部门和技术部门的结合更为紧密。受益于中国更为庞大的生产数据、应用数据和用户数据，众多跨国公司在华企业或制造工厂成为企业全球范围内数字化转型的"先锋"。随着数字化转型推进的深入，企业对数字化人才的需求量大幅增长。

国家发展改革委联合相关部门、地方、企业近150家单位启动数字化转型伙伴行动，推出500余项帮扶举措，有力支持中小微企业数字化转型纾

[①] 清华大学全球产业研究院：《中国企业数字化转型研究报告》（2020），2020年12月。

困。农业数字化转型稳步推进，5G、物联网、大数据、人工智能等数字技术在农业生产经营中融合应用，智慧农业、智慧农机关键技术攻关和创新应用研究不断加强。制造业数字化转型持续深化，我国规模以上工业企业生产设备数字化率达到 49.4%。数字工厂仿真、企业资源计划系统（ERP）、制造业企业生产过程执行管理系统（MES）、智能物流等广泛应用，促进企业提升制造品质和生产效率。工业互联网发展进入快车道，企业利用大数据、工业互联网等加强供需精准对接、高效生产和统筹调配。企业上云数量快速增长，2020 年全国新增上云企业超过 47 万家。截至 2020 年 6 月，具备行业、区域影响力的工业互联网平台超过 80 家，工业设备连接数超过 6000 万台。工业互联网标识解析体系初步构建，五大国家顶级节点稳定运行，截至 2020 年底，85 个二级节点上线，标识注册总量突破 100 亿。国家、省、企业三级联动的安全技术监测服务体系覆盖 11 万家工业企业。2020 年，全国网上零售额达到 11.76 万亿元，连续 8 年位居世界第一，其中实物商品网上零售额 9.76 万亿元，占社会消费品零售总额比重接近 1/4①。

在疫情常态化、全球经济下行压力加大的背景下，中国 2020 年实现 GDP 增长 2.3%，成为全球唯一实现正增长的主要经济体，疫情为中国产业转型发展带来新机遇。一方面加速了产业数字化进程，受疫情影响，行业用户对数字化的认同度大幅提升，企业数字化转型动力十足。以制造业为例，智能工厂、数字车间更加普及，数字化转型成效显著，强力带动复工复产。2020 年我国制造业增加值同比增长 3.4%，其中数字化发展水平较高的高技术制造业和装备制造业表现尤为突出，增加值同比增长 7.1%、6.6%，成为拉动经济增长的重要动力。同时，疫情推进产业新业态、新模式快速普及，截至 2020 年 12 月，我国在线教育用户规模达 3.42 亿，相比 2019 年大幅增长 47%，在线医疗、在线办公实现突破式发展，用户规模分别达 2.15 亿、3.46 亿，占网民整体的 21.7%、34.9%，以通信服务、在线服务、云服务、人工智能、智慧服务平台为代表的科技行业在这一轮疫情中得到了快

---

① 邓聪：《数字经济发展活力强劲　助力数字中国建设》，《人民邮电》2021 年 7 月 8 日。

速的发展。另一方面，疫情进一步加速数字产业化发展，2020 年电子及通信设备制造业、计算机及办公设备制造业增加值分别增长 8.8%、6.5%，电信业务总量同比增长 20.6%，软件和信息服务业收入同比增长 13.3%[①]。

（二）数字孪生

数字孪生主要技术包括信息建模、信息同步、信息强化、信息分析、智能决策、信息访问界面、信息安全七个方面，尽管目前已取得了很多成就，但仍在快速演进当中。模拟、新数据源、互操作性、可视化、仪器、平台等多个方面的共同推动实现了数字孪生技术及相关系统的快速发展[②]。

数字孪生技术作为推动实现企业数字化转型、促进数字经济发展的重要抓手，已建立了普遍适应的理论技术体系，并在产品设计制造、工程建设和其他学科分析等领域有较为深入的应用。在当前我国各产业领域强调技术自主和数字安全的发展阶段，数字孪生技术本身具有的高效决策、深度分析等特点，将有力推动数字产业化和产业数字化进程，加快实现数字经济的国家战略。

当前，数字孪生受到政府及相关机构、学术界及企业界的广泛关注。政府及相关机构、学术界围绕数字孪生展开研究，出台政策鼓励数字孪生技术的应用。统计结果显示，截至 2019 年 12 月 31 日，全球已有超过 1000 家高校、企业和科研院所开展了数字孪生研究且有相关研究成果在学术刊物公开发表，其中不乏包括英国剑桥大学、美国斯坦福大学等世界一流高校。自 2016 年开始，数字孪生文献发表数量进入快速增长期，直到 2019 年，数字孪生论文发表数量超过 600 篇，其中 2019 年占了近 10 年发文总数量的 50%以上。

中国虽然对数字孪生技术的关注和研究相对较晚，但在 2019 年已形成迎头追赶的趋势。随着工信部"智能制造综合标准化和新模式应用""工业

[①] 国家信息中心信息化和产业发展部：《中国产业数字化报告 2020》，2020 年 6 月。
[②] 张新长、李少英、周启鸣、孙颖：《建设数字孪生城市的逻辑与创新思考》，《测绘科学》2021 年第 3 期。

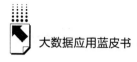

互联网创新发展工程"，以及科技部"网络化协同制造与智能工厂"等专项的实施，企业和研究院所建立了人才实训基地和行业的核心智库，培养并持续为行业输出数字孪生技术的复合型人才。数字孪生的应用需要多领域多学科人才的参与，如建模仿真领域人才、数据挖掘领域人才、感知接入领域人才等。工业互联网是数字孪生技术的延伸和应用，而数字孪生则拓展了工业互联网应用层面的可能性。

如图1所示，以下对数字孪生在智能制造、智慧健康、智慧城市、智慧建筑等不同领域的应用案例做了介绍。

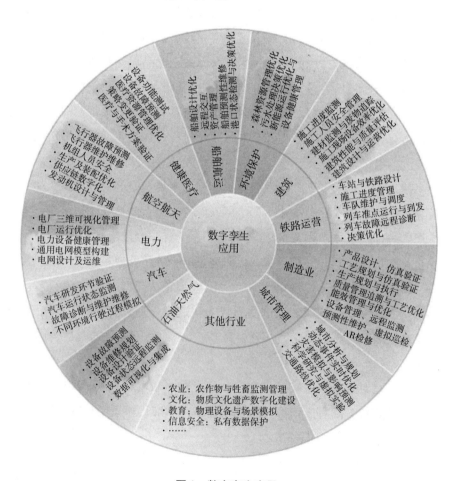

图1 数字孪生应用

1. 智能制造领域

智能制造领域的主要应用场景有产品研发、设备维护与故障预测以及工艺规划。如马斯克的弹射分离实验、风洞试验、飞机故障隐患排查、发动机性能评估等。数字孪生不仅缩短了产品的设计周期，提高了产品研发的可行性、成功率，减少危险，还大大降低了试制和测试成本。数字孪生技术还可以应用于生产制造过程，从设备层、产线层到车间层、工厂层等不同的层级，贯穿于生产制造的设计、工艺管理和优化、资源配置、参数调整、质量管理和追溯、能效管理、生产排程等各个环节。通过数字孪生技术，可实现复杂设备的故障诊断，如风机齿轮箱故障诊断，发电涡轮机、发动机以及一些大型结构设备，如船舶的维护保养。

2. 智慧健康领域

将数字孪生应用在智慧健康系统中，可以基于患者的健康档案、就医史、用药史、智能可穿戴设备检测数据等信息在云端为患者建立"医疗数字孪生体"，并在生物芯片、增强分析、边缘计算、人工智能等技术的支撑下模拟人体运作，实现对医疗个体健康状况的实时监控、预测分析和精准医疗诊断。如基于医疗数字孪生体应用，可远程和实时地监测心血管病人的健康状态；当智能穿戴设备传感器节点测量到任何异常信息时，救援机构可立即开展急救。同样地，医疗数字孪生体还可通过在患者体内植入生物医学传感器来全天监控其血糖水平，以提供有关食物和运动的建议等。典型场景应用主要包括：健康实时监控、健康预测分析和健康医疗诊断三个方面。

3. 智慧城市领域

数字孪生城市是数字孪生技术在城市层面的广泛应用，通过构建城市物理世界及网络虚拟空间一一对应、相互映射、协同交互的复杂系统，在网络空间再造一个与之匹配、对应的孪生城市，实现城市全要素数字化和虚拟化、城市状态实时化和可视化、城市管理决策协同化和智能化，形成物理维度上的实体世界和信息维度上的虚拟世界同生共存、虚实交融的城市发展新格局。数字孪生城市既可以理解为实体城市在虚拟空间的映射状态，也可以视为支撑新型智慧城市建设的复杂综合技术体系，它支撑并推进城市规划、

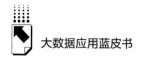

建设、管理，确保城市安全、有序运行。数字孪生城市主要有新型基础设施、智能运行中枢、智慧应用体系三大横向的分层。

基于数字孪生城市的应用服务包含城市大数据画像、人口大数据画像、城市规划仿真模拟、城市综合治理模拟仿真等智能应用，社区网格化治理、道路交通治理、生态环境治理、产业优化治理等行业专题应用[1]。

4. 智慧建筑领域

数字孪生建筑是将数字孪生使能技术应用于建筑科技的新技术，简单说就是利用物理建筑模型，使用各种传感器全方位获取数据的仿真过程，在虚拟空间中完成映射，以反映相对应的实体建筑的全生命周期过程。数字孪生建筑具有四大特点：精准映射、虚实交互、软件定义、智能干预。数字孪生建筑的核心环节在于 BIM 的应用，

数字孪生建筑在规划设计方面的主要应用包括场地分析、空间分析、功能分析、公用设施分析、信息模型构建。数字孪生建筑在建设实施环节的主要应用包括施工策划、造价控制、进度管理、施工模拟。数字孪生在运营维护方面的主要应用包括物业管理、能源监控、安全应急、模型维护、模型互联。

（三）数字政府

数字政府的建设为数字经济发展提供数据要素以及良好的营商环境，是推进国家治理体系和治理能力现代化的重要支撑。"十四五"规划明确指出"加快建设数字社会、数字政府"，各地纷纷全力推进数字政府并加速下探到基层，数字政府建设迎来了新的平台期，数字技术成为推动基层治理创新的重要抓手。疫情加速了数字政务推广进程，数字化非接触服务覆盖范围迅速扩大。截至 2020 年 11 月底，我国有 23 个省级（占比 71.9%）和 31 个重点城市（占比 96.9%）地方政府明确了政务数据统筹管理机构，有力推进本地数字政府建设，16 个省级（占比 50.0%）和 10 个重点城市（占比

---

① 陈才：《数字孪生城市的理念与特征》，《人民邮电》2017 年 12 月 15 日。

31.3%）政府已出台并公开数字政府建设相关规划计划、方案意见。11个政府网站集约化改革试点地区完成试点任务，通过建设统一的信息资源库，深化数据融通、服务融通、应用融通。疫情基层防治方面，以健康码为代表的大数据等信息技术应用实现触达基层，助力社区、村镇成为外防输入、内防扩散的最有效防线，疫情防控期间健康码累计申领近9亿人，使用次数超400亿人次。此外，在大数据汇聚分析等智能化手段支持下，依托地方核酸检测信息统一平台，实现预约、采样、检测、结果查询的全流程统一化管理，我国核酸检测能力得到大幅提高，由疫情初期的2万次/日快速提升至340万次/日。

新冠肺炎疫情后，我国通过总结疫情治理中的经验教训，城市治理数字化进程大幅加快，治理体系和现代化治理能力得到全面提升。一是在统筹防疫方面，截至2021年1月底，国家政务服务平台充分发挥总枢纽作用，向各地区各部门提供防疫数据共享交换600亿余次、健康码综合信息共享200亿余次，为精准疫情防控提供了有力支撑。二是在政务服务方面，各级政府积极打造"数字政府"，减少群众办事聚集，加速复工复产进程。三是在数据汇聚方面，各城市数据处理能力实现巨大突破，同时部分领先城市对日常数据和隐私数据进行规范化管理，并充分运用分析平台进行监测预警和高风险管控，为政府治理能力现代化建设打造新动能和新优势。

全国一体化数据共享交换平台的建成，使公共信息资源开放有效展开，政务信息整合共享工作基本实现"网络通、数据通"的阶段性目标。2020年底，国务院部门40个垂直系统已初步向各级政府部门开放数据共享，开辟数据查询和互认渠道，逐步满足政府服务部门对自然人和企业身份验证、纳税证明、房地产登记、学位证书等约500项数据查询的需求。数据开放平台建设稳步推进，56.3%的省级政府、73.3%的副省级政府、32.1%的地级市政府已依托政府门户网站建立政府数据开放平台。截至2020年底，基于全国一体化政务服务平台，电子证照共享服务系统已汇聚跨地区部门证照861种，为电子证照"全国互认"提供数据基础支撑。国家发展改革委持续推进全国信用信息共享平台建设，已联通46个部门和31个省（区、市），累计归集各类信息超 600 亿条,基本形成覆盖全部市场主体、所有信息信用类别、全国所有区域的信用信息网络。国家网上身份认证基础设施工程建设依托国家人口基础库,为 31 个省(区、市)、36 个部委 228 个业务系统提供接口服务 16.08 亿次。市场监管总局牵头全面建成国家法人单位信息资源库,将现存 1.4 亿户市场主体基本信息共享。自然资源部大力推进基础地理、土地、地质、矿产、海洋等自然资源和不动产登记数据共享和国土空间基础信息平台建设,2020 年向各部委、各级政府和社会公众提供在线服务近 7 亿次。水利部开展水库等基础数据治理,形成 7 类水利对象基础数据资源,推动相关业务领域实现共享应用。国家信访局实现与各地区各级信访工作机构以及 42 家中央国家机关信访业务信息互联互通,单位接入量突破 13 万家,实现了信访形式、工作流程、工作范围全覆盖。住房和城乡建设部运用区块链技术建立住房公积金数据互联共享机制,为全国 1.49 亿住房公积金缴存人提供统一的住房公积金数据查询服务,为部门间数据共享提供支撑。退役军人事务部建成全国退役军人基础信息数据库,为退役军人管理服务保障提供有力支撑。

全国人大机关在中国人大网开通网上信访平台,积极建设"互联网 +信访"工作模式。国家法律法规数据库初步建成,囊括了截至 2019 年 12 月底现行的有效法律、行政法规、司法解释和地方性法规,于 2020 年 2 月开放给中央国家机关和地方各级人大试用。全国政协委员通过信息化手段履职已成为常态,2020 年在移动履职平台共发表各类意见和建议及讨论发言14.7 万条近 2000 万字。国务院办公厅依托中央政府门户网站充分听取企业群众对政府工作的意见和建议,连续第六年在全国两会前开展网民建言征集活动,为《政府工作报告》提供参考,累计收到建言超 100 万条,汇总梳理后向报告起草组转送建言 1400 余条。覆盖纪检监察系统的检举举报平台主体建设完成,在全国乡镇(街道)、市县派驻的 7 万余个基层纪检监察机构部署应用,整合提升了基层监督能力。智慧法院建设推动审判执行全流程依法公开。截至 2020 年底,中国审判流程信息公开网累计公开案件 3500 余万件,案件流程信息公开率达到 99% 以上;中国庭审公开网累计直播庭审

1100 余万场，访问量超过 319 亿人次；中国裁判文书网文书总量达到 1.1 亿份，访问总量 530 亿人次；中国移动微法院覆盖全国法院，支持网上开庭 5.3 万余次，在线送达文书 1152 万余份。例如 2020 年，杭州互联网法院共受理涉互联网案件 1.1 万余件，100% 在线开庭审理，庭审阶段平均用时 21 分钟。积极打造"智慧检务"，推动"四大检察"全面协调发展，12309 中国检察网上线运行效果明显，截至 2020 年底，发布程序性信息 1370 万余条、重要案件信息 102 万余条、公开法律文书 599 万余份，收集信访和公益诉讼线索信息 33 万余条。中国检察听证网通过互联网向社会公众直播公开听证全过程，使人民群众"零距离"参与、监督司法工作。

全国一体化在线监管体系初步建成，事中事后监管效能不断提升。国家"互联网 + 监管"系统建设向纵深发展，实现与全国 31 个省（区、市）、新疆生产建设兵团和国务院有关部门"互联网 + 监管"系统互联互通。截至 2020 年底，接入各地区各部门监管应用 451 个，汇聚监管业务数据 21 亿条，发布监管动态 2 万余条，业务人员注册用户超过 200 万人。重点监管应用系统建设不断深化，风险预警、信用监管评价、监管综合分析等业务系统应用初见成效，2020 年已向地方和有关部门推送企业信用分类数据和风险预警线索 4.1 亿条，有力支撑事中事后监管工作。国家企业信用信息公示系统应用成效显著，2020 年日均访问量超过 1 亿人次，支撑以信用监管为基础的新型监管机制初步形成。全国 12315 平台持续优化提升，2020 年全年平台访问量 7247 万人次，接收消费者投诉举报咨询 1775.1 万件，为消费者挽回经济损失 31.57 亿元。

（四）数据立法

2016 年 11 月 7 日，《中华人民共和国网络安全法》作为我国网络空间安全的基本大法正式颁布，对数据安全进行明确规定，强调个人信息隐私的保护。2017 年 4 月 11 日，国家互联网信息办公室发布关于《个人信息和重要数据出境安全评估办法（征求意见稿）》，明确了向境外提供个人信息和重要数据前，需要进行安全评估的详细内容和流程，为我国跨境数据保护制度打下了基础。2017 年 5 月 2 日，国家互联网信息办公室还正式发布了《网络产品和服务安全审查办法（试行）》，明确了在审查网络产品和服务的安全性和可控性时，应当充分考虑"产品和服务提供者利用提供产品和服务的便利条件非法收集、存储、处理、利用用户相关信息的风险"这一重要因素。

2017 年 8 月 25 日发布的《信息安全技术　数据出境安全评估指南（征求意见稿)》对数据出境安全评估流程、评估要点、评估方法、重要数据识别指南等内容进行了具体规定。2018 年 1 月 2 日正式发布的国家推荐性标准《信息安全技术个人信息安全规范》，该规范包含了个人信息及其相关术语的基本定义，个人信息安全基本原则，个人信息收集、保存、使用以及处理等流转环节以及个人信息安全事件处置和组织管理要求等。

2020 年 5 月 28 日，十三届全国人大三次会议表决通过了《中华人民共和国民法典》（以下简称《民法典》），自 2021 年 1 月 1 日起施行。《民法典》首次规定了隐私权和个人信息的保护原则，其界定了个人信息的概念，列明了处理个人信息的合法基础，为个人信息保护的立法奠定了基础。

2021 年 4 月 26 日，第十三届全国人大常委会第二十八次会议对《中华人民共和国个人信息保护法（草案二次审议稿)》（以下简称"《二次审议稿》"）进行了审议。《二次审议稿》对于个人信息流动问题，采取了更为审慎的态度。其规定是："为了保护个人信息权益，规范个人信息处理活动，促进个人信息合理利用，制定本法。"在保护个人信息的具体措施方面更加细化，增加了"采取对个人权益影响最小的方式"。对于执法机构所涉及的个人信息跨境提供，将其适用范围进行了缩小。增设规定了提供基础性互联网平台服务、用户数量巨大、业务类型复杂的个人信息处理者的特定义务。突出社会第三方机构的治理作用。

2021 年 6 月 10 日，第十三届全国人民代表大会常务委员会第二十九次会议通过《中华人民共和国数据安全法》（以下简称《数据安全法》），自 2021 年 9 月 1 日起施行。《数据安全法》是为了规范数据处理活动，保障数据安全，促进数据开发利用，保护个人、组织的合法权益，维护国家主权、安全和发展利益而制定的法律。《数据安全法》是我国第一部有关数据安全的专门法律，共包括7章55条，主要内容包括数据安全与发展、数据安全制度、数据安全保护义务、政务数据安全与开放、法律责任等，提出了国家对数据实行分类分级保护、开展数据活动必须履行数据安全保护义务并承担社会责任等要求。

除了《网络安全法》《个人信息保护法（草案二次审议稿）》《数据安全法》这三部基本大法外①，还包括2019年1月1日实施的《电子商务法》、2016年12月发布的《国家网络空间安全战略》、2019年6月发布的《个人信息出境安全评估办法（征求意见稿）》、2019年10月发布的《儿童个人信息网络保护规定》、2019年被列入立法规划的《电信法》、2020年1月实施的《密码法》、2020年6月正式生效的《网络安全审查办法》等其他领域的法律法规。

除了国家层面出台的数据法律法规外，贵州省、天津市、上海市、海南省、安徽省等已完成大数据立法工作并陆续出台大数据发展应用条例，陕西省、黑龙江省等正在开展大数据立法的工作，各地数据立法情况如表1所示。

表1　部分省/自治区/直辖市的数据立法情况

序号	发布时间	地区	文件名称
1	2016年1月	贵州	《贵州省大数据发展应用促进条例》
2	2019年1月	天津	《天津市促进大数据发展应用条例》
3	2019年8月	上海	《上海市公共数据开放暂行办法》
4	2019年9月	海南	《海南省大数据开发应用条例》
5	2021年3月	安徽	《安徽省大数据发展条例》
6	2021年3月	陕西	《陕西省大数据发展应用条例》（征求意见稿）
7	2021年3月	黑龙江	《黑龙江省促进大数据发展应用条例(草案)》

---

① 王喆、安脉、白松林、王小燕：《大数据交易面临的机遇和挑战》，《信息系统工程》2021年第2期。

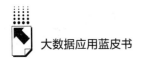

四 热点问题

（一）乡村振兴

数字乡村建设既是乡村振兴的战略方向，也是建设数字中国的重要内容，整体带动和提升农业农村现代化发展，为乡村经济社会发展提供了强大动力。2020 年，我国发布《数字农业农村发展规划（2019—2025 年）》、《2020 年数字乡村发展工作要点》等政策文件。加快推进数字乡村建设的速度，浙江、河北、江苏、山东、湖南、广东等 22 个省份相继出台数字乡村发展政策文件，政策体系更加完善，统筹协调、整体推进的工作格局初步形成。中央网信办等 7 个部门联合开展国家数字乡村试点工作，确定 117 个县（市、区）为首批国家数字乡村试点地区，为全面推进数字乡村建设探索有益经验①。

乡村信息基础设施建设全面升级，全国行政村通宽带比例达到 98%，农村互联网应用快速发展。农村宽带接入用户数突破 1 亿户，比 2019 年增长 488 万户，同期增长 8%。农村地区互联网普及率达 55.9%，基础设施数字化改造升级效果显著，全国乡镇快递网点覆盖率已超过 97%，乡村智慧物流设施更加完善。

农业农村大数据建设初见成效，形成了重点农产品单品种的大数据产业链。数字经济拓展乡村发展新空间，电子商务进农村综合示范项目新增支持 235 个县，县长、乡镇长纷纷带货，让直播成为"新农活"。信息技术推动农业生产数字化转型，种植业、畜牧业、渔业、种业信息化建设持续推进，农田感知与智慧管理物联网加快融合应用。信息化助力乡村治理能力稳步提升，"互联网 + 政务服务"向乡村延伸，"一网通办"能力显著增强，平安乡村数字化平台初步建成，基本建成涵盖从中央到地方的联网应用体系。乡

---

① 《中国数字乡村发展报告（2020 年）》，《农业工程技术》2020 年第 40 期。

村网络文化繁荣发展，全国已挂牌县级融媒体中心 2400 余个，不断发挥乡村基层主流舆论阵地、综合服务平台、社区信息枢纽的重要功能①。

数字乡村的核心是通过数字化技术为乡村振兴赋能，帮助乡村走向振兴之路。结合《关于实施乡村振兴战略的意见》，数字乡村的重点方向是产业振兴、生态环保、乡村治理、扶贫保障和人才培养。未来，通过大数据、物联网、人工智能等新兴数字化技术加速乡村进入数字化阶段②。

（二）碳达峰、碳中和

为应对全球气候变化，我国提出"二氧化碳排放力争于 2030 年前达到峰值，努力争取 2060 年前实现碳中和"等庄严的目标承诺。2021 年政府工作报告将"做好碳达峰、碳中和工作"列为重点任务之一；2021 年 2 月 22 日，国务院发布《关于加快建立健全绿色低碳循环发展经济体系的指导意见》，重点强调加快推动绿色低碳发展。

我国作为世界上最大的能源消耗国家，其能源结构的特征是"富煤、贫油、少气"。首先，在能源供给方面，我国目前拥有世界最大的风光新能源生产体系，2020 年风电、光伏新能源装机总量分别是 2.81 亿、2.53 亿千瓦，合计 5.34 亿千瓦，风光装机总量 2030 年要达到 12 亿千瓦。其次，在能源传输方面，我国"长距离、大容量、低损耗"的特高压电网技术成熟，在世界居于领先地位。再次，在能源消费方面，新能源汽车与储能产业发展迅速，新能源汽车产销量连续 6 年稳居世界第一，累计销售 550 万辆。比亚迪公司 2020 年发展成为世界第四大市值的汽车公司，蔚来排第六，上汽排第十，2020 年世界前十名汽车市值公司里，我国已经占据 3 席。在电池方面，锂离子电池产量世界第一，宁德时代稳居世界首位，根据莱特定律，随着电动车销量增加，电池价格会进一步下降，从而带动储能成本下降和新能源汽车的继续增加。

---

① 赵京鹤、吴传强、徐可：《数字乡村：深化乡村振兴战略 助力农业农村现代化》，《中国自动识别技术》2021 年第 3 期。
② 刘沁娟：《数字乡村建设有效衔接网络扶贫》，《网络传播》2021 年第 1 期。

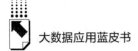

碳达峰、碳中和将带动新的技术进步，引领新的发展方式，催生新的投资机会，带来深入而广泛的经济社会变革。实现"双碳"目标离不开数字化，要协同推动数字化和绿色化，充分发挥科技创新的支撑作用和金融资本的赋能作用，推动我国经济转型升级和可持续发展。

2021年4月30日，中国电子节能技术协会在北京成立国内首家碳中和大数据研究院，致力于全面发挥大数据在实现碳中和目标的加速器作用，真正让大数据赋能生产生活绿色转型，加快全社会碳达峰碳中和目标的实现。

推动数字经济与实体经济深度融合已经成为推动生产方式绿色化、实现高质量发展的重要路径。作为数字经济在能源领域的具体应用，数字经济通过在能源的生产、消费、传输、运营、管理、计量、交易等环节和链条进行广泛应用，将能够直接或间接减少能源活动产生的碳排放量，助力我国"碳达峰、碳中和"目标的实现[1]。

一在生产环节，各种数字化技术在能源生产端的广泛应用是新能源大规模消纳的必要前提，也是能源生产运行安全可靠的底层基础[2]。二在消费环节，大数据、人工智能等新兴数字化技术推动形成能源消费新理念，改变传统消费者从单纯的"能源消费者"转向"能源产销者"，最终降低能源消耗的总量和强度。三在传输环节，无论是适应新能源的大规模、高比例并网，还是分布式能源、电动汽车等交互式设施的广泛接入，都需要以数字化技术为能源传输赋能，推动传统电网尽快地转型升级。四在运营环节，数字化技术以及数据中台、业务中台等新型IT架构模式能够优化决策流程、提升决策效率、缩短决策时间，减少传统生产要素的投入数量。五在管理环节，能源数字经济新业态的涌现推动能源开发利用新模式，实现了能源利用方式的重组、能源商业模式的重构、能源配置方式的优化，提高了能源管理的整体效率。六在计量环节，数字化技术能够在碳排放源锁定、碳排放数据分析、碳排放监管和预测预警等方面发挥重要作用，实时监测企业进行碳排放的全

① 陈光、郑厚清、尹莞婷：《兑现"碳达峰、碳中和"目标，能源数字经济要加力》，《中国能源报》2021年5月10日。

② 陈光、霍沐霖：《碳中和目标下的能源数字经济》，《能源》2021年第5期。

过程，支撑监管机构构建完整的碳排放监控体系。七在交易环节，数字化技术能够支撑数字化交易平台的建设，促进碳资产管理、碳交易、碳税征收、绿证交易、绿色金融等相关制度和机制的建设和完善①。

五　总结

作为“十四五”开局之年，本报告立足“十三五”期间中国数字化发展的显著成就，如信息基础设施规模全球领先，数字经济持续快速增长，数字化创新能力进一步增强等。深入分析了“十四五”开局之年数字经济新的发展态势、投资消费的持续高速增长，介绍了各地积极出台的相关政策，数字经济创新能力得到进一步提升。

“十四五”期间，我国数字化发展将加强关键数字技术的创新应用，加快推动数字产业和产业数字化转型，加快建设智慧城市和数字乡村，提升数字政府治理水平，营造安全的数字生态环境。报告紧扣“十四五”规划和2035 远景目标纲要，对以数字化转型、数字孪生、数字政府和数据立法为主题展开数字化应用情况的调研分析。报告还以数字化视角对 2021 年政府报告中的乡村振兴、碳达峰、碳中和等热点问题进行分析预测。

第一，疫情为产业转型发展带来新机遇，加速了数字产业化和产业数字化进程，行业用户对数字化的认同度大幅提升，企业数字化转型动力十足。

第二，数字孪生技术作为推动实现企业数字化转型、促进数字经济发展的重要抓手，已建立了普遍适应的理论技术体系，并得到较为深入的应用。

第三，城市治理数字化进程大幅加快，治理体系和现代化治理能力得到全面提升。全国一体化数据共享交换平台建成，公共信息资源开放有效展开。全国一体化在线监管体系初步建成，事中事后监管效能不断提升。

第四，我国相继颁布《网络安全法》《个人信息保护法（草案二次审议

---

① 梅德文：《完善中国碳市场定价机制　破解发展和碳中和的两难》，《阅江学刊》2021 年第13 期，第 44~50 页。

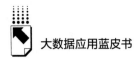

稿)》《数据安全法》，强调个人隐私的数据保护。贵州等 7 地出台数据立法文件，促进大数据的发展。

第五，数字乡村的核心是通过数字化技术为乡村振兴赋能，帮助乡村走向振兴之路。未来，数字乡村建设的重点方向是产业振兴、生态环保、乡村治理、扶贫保障和人才培养。

第六，实现"双碳"目标离不开数字化，要协同推动数字化和绿色化，充分发挥科技创新的支撑作用和金融资本的赋能作用，推动我国经济转型升级和可持续发展。

总报告紧密围绕 2021 年政府工作报告，关注数字产业化和产业数字化转型应用，对数字经济、数字政府、数字社会的若干热点案例展开深入分析。报告通过系统全面地分析我国数字化发展的应用成就，对政府和行业部门加快数字化发展，把握"十四五"时期中国数字化发展提供系统性思路和重要参考。

热 点 篇
Hot Topics

B.2
浅析新能源汽车安全风险精准管控

姜良维　孔晨晨　张沛　赵磊*

摘　要： 近年来，我国新能源汽车的快速发展和应用带动了汽车工业的绿色转型与创新，同时也出现了新能源汽车运行的安全风险问题。针对新能源汽车行驶安全隐患查处不及时现象，公安部交通管理科学研究所重点开展了新能源汽车监控数据跨部门跨网络融合、新能源汽车行车安全隐患演化机理、新能源汽车安全隐患精准追踪查处等关键技术研究，构建了新能源汽车监控信息共享应用平台，开发了新能源汽车路面运行风险全程研判系统、新能源汽车路面安全隐患精准管控系

---

* 姜良维，现任公安部交通管理科学研究所国家工程实验室副主任、二级研究员、一级警监警衔、博士生导师，享受国务院政府特殊津贴专家。公安部电子物证和声像资料鉴定人，长期从事机动车智能监控、交通行为干预等技术研究及装备研发。曾主持完成国家及省部级课题28项，负责制定完成国家及行业技术标准16项，获国家科技进步二等奖2次；孔晨晨，硕士，现任公安部交通管理科学研究所助理研究员，从事公路交通安全研究；张沛，硕士，现任公安部交通管理科学研究所实习研究员，从事公路交通安全研究；赵磊，学士，现任公安部交通管理科学研究所助理研究员，从事公路交通安全研究。

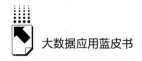

统，实现了工信部和公安部新能源汽车监控资源的深度融合。应用大数据、人工智能等技术，精准管控新能源汽车的安全隐患和事故风险。研究成果已在无锡、嘉兴示范应用，取得了阶段性成效。

关键词： 新能源汽车　监控信息　共享应用　风险研判　隐患管控

一　引言

截至 2021 年 6 月，我国上路行驶的纯电动新能源汽车已超过 493 万辆[①]，对我国节能减排发挥了重要作用，但随之带来了新能源汽车运行安全风险问题。2019 年、2020 年新能源汽车交通肇事在千起以上，甚至造成人员伤亡事故。2019 年，国家重点研发计划"综合交通运输与智能交通"设立了"基于端网云的国家新能源汽车安全运行协同防控平台"项目[②]（以下简称项目），构建了项目团队。旨在攻克新能源汽车安全要素全面感知与特征识别、关键零部件安全性能演化规律和故障诊断、运行安全风险评估预警、行车安全风险精准管控、运行安全协同防控与决策支撑等技术难题；形成新能源汽车运行安全风险立体化监测、智能化研判、全方位预警、精准化管控、一体化治理等技术体系；实现新能源汽车运行风险在线监测、联动研判、动态预警、智能控制和精准处置，以及运行全过程监管和风险协同防控。本文重点就新能源汽车安全风险精准管控做深入阐述。

---

① 公安部交通管理局，"2021 年一季度新注册登记机动车 966 万辆"，2021 年 4 月 6 日。
② 基于端网云的国家新能源汽车安全运行协同防控平台，国家重点研发计划，项目编号2019YFB1600800。

二　方案设计

新能源汽车有别于传统汽车，其电池、电机、电控等部件易受行车环境影响，存在不同程度的安全风险。为此，在国家重点研发计划项目支持下，项目团队开展了新能源汽车监控数据跨部门跨网络融合、新能源汽车行车安全隐患演化机理、新能源汽车安全隐患精准追踪查处等关键技术研究，构建了跨部门跨网络的新能源汽车监控信息共享应用平台，开发了新能源汽车路面运行风险全程研判、新能源汽车路面安全隐患精准管控等系统。同时，整合工信部和公安部相关监控资源，基于大数据、人工智能等技术，在高速公路、城市快速路、充电区等场景中，实现了对新能源汽车安全隐患和事故风险的精准管控。

（一）总体思路

如图 1 所示，"新能源汽车安全风险精准管控技术及应用"课题[①]针对新能源汽车行驶安全隐患查处不及时问题，以解决新能源汽车行驶风险隐患演化机理及查处方法等关键问题为突破口，开展新能源汽车监控数据跨部门跨网络融合、新能源汽车行车安全隐患演化机理、新能源汽车安全隐患精准追踪查处等关键技术研究；建立道路环境与车辆动力丧失、失控、火灾和爆炸等运行风险数据库，提出交通环境、交通行为、交通事故关联模型，开发新能源汽车路面运行风险全程研判系统；针对新能源汽车"病情"特点，研究新能源汽车路面安全隐患分类分级、安全风险衍生机理及对路网交通影响态势，提出多类型、多性能、多任务的车辆个体与群体建模方法、运行安全与风险防控协同决策方法与基于云控平台的分层分布式车辆协同决策动态求解方法，构建在途新能源汽车安全风险管控应急预案，开发新能源汽车安全风险精准管控系统；建立新能源汽车路面安全风险全过程监管体系，调度路面警力资源，对新能源汽车运行风险精准处置并防控交通事故，不断提高

[①]　新能源汽车安全风险精准管控技术及应用，国家重点研发计划，课题编号 2019YFB1600804。

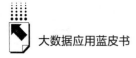

"得病"车辆轨迹追踪的鲜活性、布控缉查的实战性、主动执法的精准性。

一是在开发相关数据模型和通信协议基础上,建立支撑新能源汽车车载数据、事件、防控三个维度处理和交互的端网云通信系统,研发车辆个体与群体模型和协同决策方法,以及基于云控的安全协同决策系统,为监控数据融合应用提供支撑。

二是研发新能源汽车安全风险全程研判系统,应用公安内外网监控信息,结合深度调查、统计分析、大数据建模等方法,建立复杂恶劣运行环境中的交通运行风险模型,剖析车辆安全风险及交事故典型特征及规律,得出带病、发病、被病、将病、无病车辆特征。

三是研发新能源汽车安全风险精准管控系统,整合公安交警资源,实现行车轨迹精准定位、隐患车辆立体引导和分类查处。

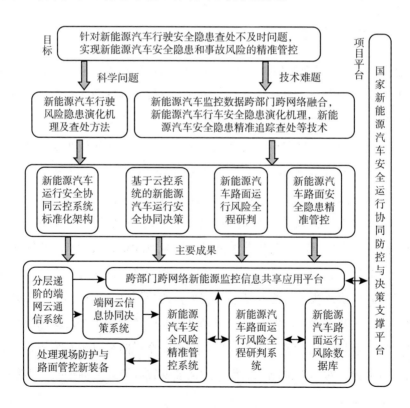

图1　总体思路

（二）技术实现

对新能源汽车运行安全进行立体化监测、智能化研判、全方位预警、精准化管控，核心是保障新能源汽车监控数据的鲜活性和有效性。按照《GB/T 32960-2016 电动汽车远程服务与管理系统技术规范》[①] 标准要求，新能源汽车需要每 30 秒上报一次车辆运行状态信息，而对于路面行驶的新能源汽车的安全隐患识别与防范来说，往往很难依据时间滞后的车辆监控信息做出有效决策判断。因此，车载监控数据的实时性、有效性是决定新能源汽车安全运行协同防控项目成功的重要因素。通过监控大数据分析研判，能否在第一时间给出如动力丧失、动力不足、车辆失控、车辆火灾等预警信息尤为关键。基于此技术，结合路面交通流等状态去研判出追尾、碰撞、翻车等隐患，从而能够实现针对在途新能源汽车安全风险的精准判断。系统建设的主要思路如下。

一是新能源汽车监控数据跨网融合。针对新能源汽车车载终端数据的局限性，方案需要设计实施新能源汽车监控信息跨网交互定时定位推送接口、车辆风险报警数据推送接口、三电告警接口、区间测速数据接口、车辆聚集停放数据接口、网约车判定数据接口、布控车辆信息推送接口等，从而克服车辆上路行驶后复杂道路交通状态下风险隐患获知、跨网数据滞后等问题。构建新能源汽车专有的数据共享资源库，构建跨部门跨网络新能源汽车监控信息共享应用平台，从而实现车辆监控数据的快速融合。

二是新能源汽车路面安全隐患演化机理。鉴于新能源汽车在极端环境、复杂道路条件下长时间行驶产生的车辆动力丧失、动力不足、失控、火灾等运行风险，以及在道路流量饱和、客货车混行、长时间交通拥堵等异常交通状态下通行产生的车辆追尾、碰撞、刮擦、翻车等事故，方案中需要构建交通环境、交通行为、运行安全事故三者关联模型，提出恶劣条件对新能源汽车安全行驶的影响机理，提供融合交通状态信息的纯电动汽车续航里程风险

---

① 电动汽车远程服务与管理系统技术规范，国家标准，标准号 GB32960。

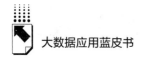

预警、纯电动汽车运行风险预警等新方法，进而开发新能源汽车安全风险全程研判系统，为新能源汽车安全风险研判奠定基础。

三是"得病"新能源车全路网快速追踪定位。为克服路网复杂性和车载定位误差造成的数据缺失、错误等难题，需要在新能源汽车车载定位与公安卡口监控轨迹融合基础上，通过车道级行车轨迹多维时空分析、"得病"新能源汽车轨迹预测与精准定位等技术的研究，在融合卡口和 GPS 数据的车辆轨迹定位、交通流量预测等方法上，开发新能源汽车安全隐患精准管控系统，是实现"得病"车辆的快速追踪定位的基础。

四是"得病"新能源车精准分类查处。针对"带病""发病""被病""将病"特点，需要对新能源汽车路面安全隐患分类分级，研制"得病"车辆现场引导、警示及防控等系列装备，制定道路交通安全风险警示服务技术规范，通过使用声光电视图等技术手段，在高速公路及服务区出入口、快速路等场景中，按照公安交警四类应急响应预案，实现对安全风险及运行事故的分类精准管控。

五是新能源汽车运行安全与风险防控协同决策。为提高新能源汽车在不同交通状态与道路场景下的运行安全及风险防控能力，需要针对不同的优化目标执行不同的协同决策任务，并保证不同协同决策任务间相互协调，根据工况执行不同协同决策的统一协同方法，开发分层递阶的端网云通信与存贮系统，并结合基础共性的系统建模方法与提高执行效率的分布式求解方法实现协同决策。

三　架构设计

（一）共享应用平台

搭建新能源汽车监控信息共享应用平台，是实现新能源汽车安全运行协同防控数据跨网共享交互的根本，也是支撑新能源汽车路面运行风险全程研判和精准防控的前提。众所周知，新能源汽车监控信息先是实时汇总到企业监管平台，企业平台再按确定的格式上传到国家新能源汽车运行安全协同防控平台。目前，除西藏、青海、新疆、宁夏四省区外，全国各省市区新能源汽车的拥有量已超万台车，且随着充电日益完善，新能源汽车拥有量还会增长，面对新能源汽车在全国道路通行的不确定性和随机性，需要实现新能源汽车监控信息在全国范围内跨部门共享应用。如图2所示，依据公安信息平台安全管理规定①②，跨部门跨网络新能源监控信息共享应用平台包括信息采集、网络传输、数据存储、业务应用等层次架构。

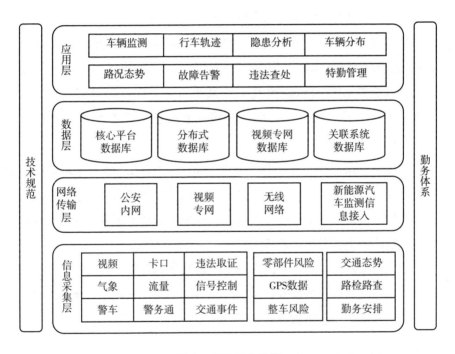

图2　应用平台架构

一是信息采集交换层。信息采集主要是指前端路面监控视频、卡口、交通违法取证、路况、气象、情报板、交通事件检测、巡逻警车、民警警

①　《信息安全等级保护管理办法》，公通字［2007］43号。
②　公安部科技信息化局：公安信息通信网边界接入平台安全规范。

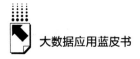

务通等交通安全监测服务设备或基础应用管理系统采集发布的各类道路动态信息、各级部门采集录入的勤务安排、交通态势研判结果、执法站路检车辆等信息。信息交换主要是指与新能源汽车国家平台、公安应用平台以及与气象部门、课题承担单位交换的新能源汽车监测数据、重点车辆、监管布控车辆、车辆停车轨迹、道路监控视频、气象、道路交通流量等各类异构信息。

二是网络传输层。主要是指前端设备采集信息传输至新能源汽车共享应用平台、各类其他平台之间交换信息的新能源汽车监测信息专网、公安网、视频专网、无线网络的安全接入平台。

三是数据层。主要是指平台软件的 Oracle 业务数据库、用于业务分析研判的云环境分布式数据库、视频专网外挂系统数据库以及与共享应用平台关联交换数据的新能源汽车国家平台、公安应用平台、PGIS、大公安警务平台、其他部门、互联网公司等其他业务系统数据库管理的各类业务数据。

四是业务应用层。主要是指集成应用的车辆监测、行车轨迹、隐患分析、车辆分布、路况态势、故障告警、违法查处、特勤管理等功能。

五是技术规范。主要是指各类道路监控系统的技术标准、向共享应用平台传输信息的各类信息接口规范。

六是勤务体系。主要指公路交通安全防控体系建设、集成指挥平台应用所配套的道路交通管控的勤务机制、应急指挥调度工作规范、嫌疑车辆拦截处置等各类预案、违法审核等业务工作规范。

（二）风险研判系统

如图 3 所示，通过跨部门跨网络新能源汽车监控信息共享应用平台获取新能源汽车运行状态信息，并融合关键零部件故障诊断结果、基于端云的运行风险评估与预警结果、基于国家平台的风险评估与预警结果，构建新能源汽车路面运行风险数据库，开发新能源汽车路面运行风险全程研判系统，关联路况、天气、行车条件等数据，分级输出风险研判结果。

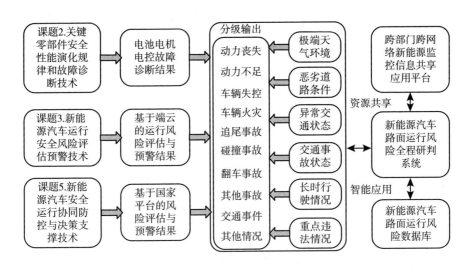

图3　风险研判系统

一是动力丧失。首先接收关键零部件诊断和整车安全评估结果，再结合极端天气及长时间行驶下新能源汽车的运行安全状态研判。通过对电池容量、电机特性、电控状态、整车安全性、道路环境等数据的综合分析，研判电池充电和耗电异常、电机和电控故障、车速和轨迹异常等导致的动力丧失风险。

二是动力不足。首先接收整车安全评估结果，再结合恶劣道路条件、异常交通状态及长时间行驶下新能源汽车的运行安全状态研判。通过对电池容量、电机特性、电控状态、整车安全性、路况等数据的综合分析，研判电池容量处在临界下限、处在持续长时间拥堵车流中、难以抵达最近充电区等导致的动力不足风险。

三是车辆失控。首先接收关键零部件诊断和整车安全评估结果，再结合交通事故下新能源汽车的运行安全状态研判。通过对电池容量、电机特性、电控状态、整车安全性、交通事故等数据的综合分析，研判"三电"异常状态、车辆严重受损等导致的车辆失控风险。

四是车辆火灾。首先接收国家平台预警结果，再结合交通事故、重点违法行为及长时间行驶情况下新能源汽车的运行安全状态研判。通过对电池温

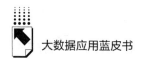

度、整车安全性、交通事故、行驶过程、道路环境等数据的综合分析，研判电池过热、充电异常、违法行驶、重大事故等导致的车辆火灾风险。

五是追尾事故。结合极端天气、恶劣道路条件、异常交通状态、重点违法行为情况对新能源汽车的运行安全状态进行研判。通过对行驶过程、道路环境、路况条件、异常行为、交通流等数据的综合分析，研判车速过快、分心驾驶等导致的追尾事故风险。

六是碰撞事故。结合极端天气、恶劣道路条件、异常交通状态、重点违法行为情况对新能源汽车的运行安全状态进行研判。通过对行驶过程、道路环境、路况条件、异常行为、交通流等数据的综合分析，研判车速过快、弯道超车、视线不良、车辆失控等导致的碰撞事故风险。

七是翻车事故。结合极端天气、恶劣道路条件、重点违法行为情况对新能源汽车的运行安全状态进行研判。通过对行驶过程、道路环境、路况条件、异常行为、交通流等数据的综合分析，研判分心驾驶、视线不良、车辆失控等导致的翻车事故风险。

八是其他事故。从国家平台接收车载监控信息和安全评估结果，再结合现有交通信息判断新能源汽车是否发生非等级交通事故。通过对车载信息、行驶过程、道路环境、路况条件等数据的综合分析，研判车辆事故特征。

九是交通事件。从国家平台接收车载监控信息和安全评估结果，再结合现有交通信息判断新能源汽车是否产生用于预警的交通事件。

十是其他情况。从国家平台接收车载监控信息和安全评估结果，再结合现有交通信息判断新能源汽车畅驶状态。

（三）隐患管控系统

如图4所示，新能源汽车路面安全隐患精准管控系统功能主要包括如下内容。

一是车辆路面定位。即在地图上展示隐患车辆所在的具体时空场景。二是隐患车辆布控。即将新能汽车安全警情快速布控到前端监控系统中。三是安全隐患预警。即依据国家平台推送的预警结果，实现隐患车辆分类分级，并区分警情展示新能源车辆安全态势。四是安全隐患查处。即新能汽车安全警情的快速推送和警力调度。五是警力指挥调度。即依据警情等级调度部署路面警力和勤务安排。六是驾驶行为干预。即对于新能源汽车的严重交通违法进行快速警示。七是系统统计分析。即按照警情、车辆、轨迹等选项来查询结果。

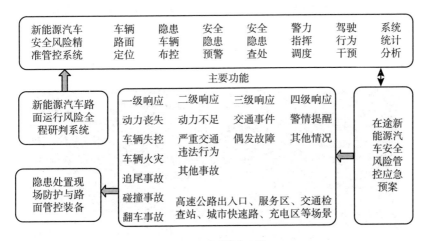

图4 隐患管控系统

同时，为了实现分类分级查处新能源汽车路面安全隐患，系统提供在途新能源汽车安全风险管控应急预案，即将新能源汽车路面安全隐患作为警情响应处理。其中，一级响应为新能源汽车已发生动力丧失、车辆失控、车辆火灾、追尾、碰撞、翻车等警情，路面警察立即赶赴现场查处该车；二级响应为新能源汽车存在动力不足和严重交通违法行为等警情，路面警察在车辆必经地查处该车；三级响应为车辆电机、电池、电控三电系统存在不影响行车的偶发故障，警方通过现有交通信息手段快速告知车辆；四级响应为同型号新能源汽车发生了车辆电机、电池、电控三电系统故障，警方通过现有交通信息手段发布告知警示。

四 功能设计

为实现新能源汽车运行安全的精准化管控，跨部门跨网络新能源汽车监控信息共享应用平台，建立新能源汽车监控信息的北京与无锡安全交互通道，实现覆盖全车型全品牌全过程的新能源汽车实时监控、"三电"报警，以及保证大数据研判结果的快速转递。如图5所示，新能源汽车监控信息共享应用平台部署在公安网侧，同时利用安全隔离装置实现与部署在专网的新能源汽车国家监测管理平台互联互通，并参照《GA/T 1146 - 2014 公安交通集成指挥平台结构和功能》① 标准要求，新能源汽车监控信息共享应用平台主要功能如下。

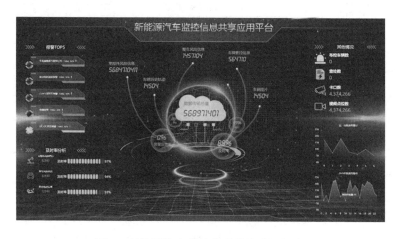

图5　新能源汽车监控信息共享应用平台

（一）车辆监测

针对交警掌握隐患新能源汽车信息不及时问题，平台在地图上实时展示进入示范应用区域的新能源汽车车辆位置信息，同时结合历史数据对经常通行车辆从发证机关、车型、车辆故障数等维度作可视化展示，从而达到新能源汽车隐患实时显示的目的。如图6所示，车辆监测功能主要展示辖区内实时通行的车辆位置信息，辖区通行总体轨迹数，经常通行车辆数，通行车辆发证机关排名和车辆车牌 vin 码等基本信息。

---

① 《公安交通集成指挥平台结构和功能》，标准号 GA/T1146。

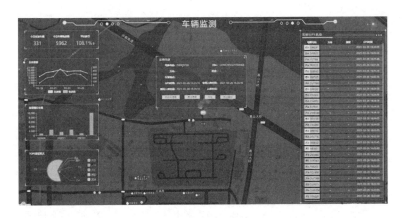

图 6　车辆监测

（二）行车轨迹

针对隐患新能源汽车轨迹特征追溯困难，利用车辆 GPS 数据，展示某辆车在历史时间周期内的 GPS 轨迹，同时利用卡口过车数据，展示该车在历史时间周期内的卡口过车轨迹，从而全面剖析历史隐患车辆的行驶特征。如图 7 所示，可查询近一年时间内辖区新能源汽车历史位置信息，可根据号牌种类、号牌号码、时间范围等条件查询，查询后也可关联公安交通集成指挥平台卡口信息，查询经过卡口的新能源汽车轨迹。

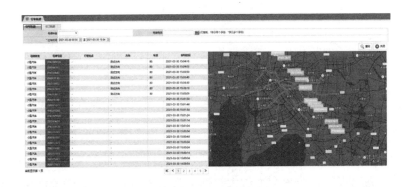

图 7　行车轨迹

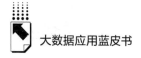
（三）隐患分析

针对新能源汽车路面运行风险研判不精准问题，基于历史新能源汽车监测数据，结合车辆行驶中的极端天气场景、恶劣道路场景、异常交通状态、长时间行驶条件和重点违法场景，根据融合场景数据和车辆报警数据的深度学习算法，建立场景数据与报警数据的关联关系，从而对动力丧失、车辆追尾、车辆碰撞、车辆翻车、动力不足、车辆失控、车辆火灾的七种风险进行分析研判，并以图表的形式进行直观展示。隐患分析功能主要包括极端气象环境、恶劣道路环境、异常交通状态、长时间行驶、重点违法等五种场景的分析研判。如图8所示，为重点违法行为研判结果。

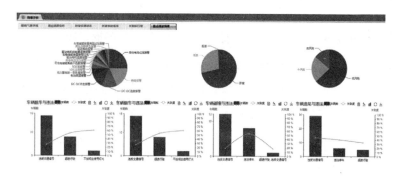

图8 重点违法行为研判

（四）车辆分布

针对频繁在管辖辖区通行的新能源汽车，利用新能源汽车国家监管平台车辆位置数据，进行 OD 分析，以流向图方式在地图上实时展示进入市辖区的车辆来源地，帮助交警全方位了解辖区车辆通行状况，便于针对性地对新能源汽车进行管控。每天会通过大数据分析辖区内通行的新能源汽车主要来源地，并更新相关信息，在地图上以流向图的方式进行直观展示，如图9所示。

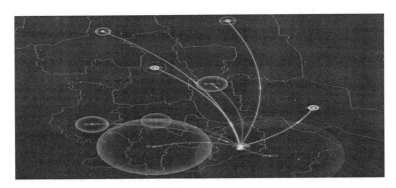

图 9 车辆分布

(五)路况态势

针对辖区内交通安全态势进行多维度分析统计,结合新能源汽车路网通行速度信息,整合互联网公司、气象、交通等部门多源大数据,在地图上显示辖区内拥堵态势、气象态势和流量监测统计信息,便于交警及时掌握交通拥堵或交通事件的发生,从而形成对辖区内交通安全态势的全面评估。路况态势功能主要分为全国主干高速路况显示、流量监测统计、气象监测统计和拥堵监测。如图 10 所示,为主干高速公路路况显示。

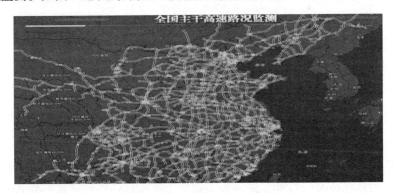

图 10 主干高速公路路况显示

(六)故障告警

针对新能源汽车安全风险查处不及时问题,如图 11 所示,在地图上实时展示隐患车辆位置，将隐患车辆的风险等级分为低中高三级，分别对应黄橙红三种颜色。同时，能单独展示每部隐患车辆违法信息、风险信息和车辆基本信息，并能生成对风险隐患车辆进行拦截查处的预警，以实现新能源汽车隐患的及时预警和处置。故障告警功能主要分为故障预警实时列表展示和预警详细信息展示。其中，故障预警实时显示进入辖区内所有隐患新能源汽车的位置和风险类型以及故障告警数、故障告警等级和故障类型排名等统计信息，能够全面准确掌握辖区内隐患新能源汽车整体情况；预警详细信息显示某一车辆的详细信息，主要包括号牌号码、告警类型、vin 码和速度等信息。

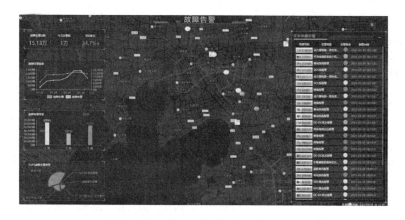

图11　故障告警

（七）特勤管理

针对重大活动和重要节日的安保问题，如图12所示，民警能在地图上对重点区域进行框选，形成电子围栏后，通过地图上车辆图标对进入电子围栏的所有新能源汽车进行位置和风险等级显示。同时，可以生成对风险隐患车辆进行拦截处置的预警。特勤管理功能主要包括特勤区域预警和特勤管制区域录入。其中，特勤管制区域录入可查询重点区域配置信息，并新增录入、编辑、删除重点区域配置，主要有特勤活动名称、特勤活动时间、录入时间等信息；特勤区域预警利用新能源汽车位置数据信息，对经过划定重要区域内的新能源汽车实时预警，并展示新能源汽车位置、风险类型等信息。

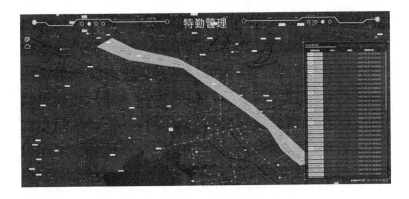

图 12 特勤区域预警

（八）违法查处

针对隐患新能源汽车查处难问题，平台能查询故障告警、特勤管理功能生成的历史隐患新能源汽车拦截处置预警信息，在接到拦截信息并出警处置后，通过该功能将处置结果进行反馈，以实现新能源汽车隐患全流程跟踪处置。违法查处功能主要分为违法查处信息查询界面和拦截处置信息反馈界面。其中，违法查处信息查询可查询故障告警、特勤管理功能生成的历史隐患新能源汽车拦截处置预警信息，如图 13 所示。

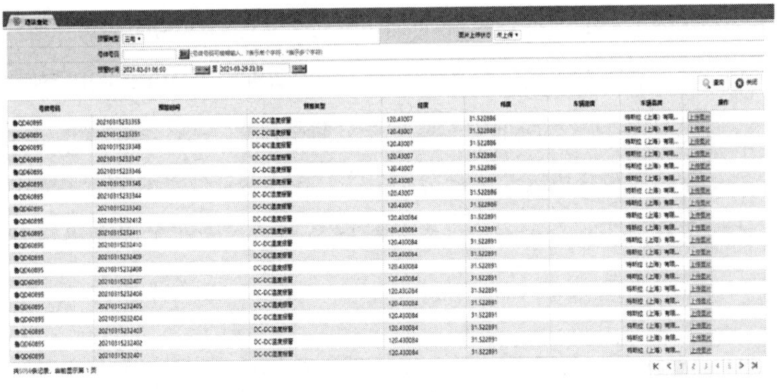

图 13 违法信息查询

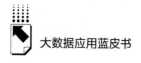
五 应用效果

为实现新能源汽车安全风险精准管控，研究团队建立了新能源汽车国家监测与管理平台、全国公安交通集成指挥平台之间通道及新能源汽车监控信息共享应用平台，设计了新能源汽车安全隐患研判与管控应用的九类接口，开发了新能源汽车运行安全协同防控平台。在无锡沪宁高速公路上已实现了车辆监测、轨迹分析、隐患研判、故障告警、违法查处等8类实战应用，建成的新能源汽车监控信息共享应用平台为新能源汽车安全隐患及安全运行事故风险的精准管控提供了技术支持，也为大数据、人工智能等新技术在新能源汽车安全监管中的应用积累了经验，对新能源汽车安全运行技术进步将发挥重要作用，实现了新能源汽车监控信息的应用创新。

第一，针对新能源汽车路面运行安全隐患发现难问题，发明了融合交通状态信息的纯电动汽车续航里程风险预警、纯电动汽车运行风险预警等方法[1][2]，构建了多维度下新能源汽车安全运行风险研判技术，提出了基于事故数据的新能源汽车安全风险研判方法，汇聚项目单位研究成果，建立了道路环境与车辆动力丧失、失控、火灾和爆炸等运行风险数据库，建立了交通行为、交通事故、复杂交通状态三者关联模型，搭建了跨部门跨网络新能源汽车监控信息共享应用平台，实现了工信部与公安部之间的监控数据安全交互。为新能源汽车路面运行风险全程研判提供了基础保障，并提高了新能源汽车安全运行风险研判的实时性和准确性。

第二，针对新能源汽车路面安全隐患查处难等问题，结合新能源汽车"病情"特点，提出新能源汽车路面安全隐患分类分级、安全风险衍生机理及对路网交通影响态势，构建在途新能源汽车安全风险管控应急预案，发明了融合卡口和GPS数

---

① 融合交通状态信息的纯电动汽车续航里程风险预警方法，发明专利，申请号：CN202010406405.0，公告日期：2020.08.25，发明人：孔晨晨、张沛、姜良维、黄淑兵、周云龙、赵磊、姜鉴铎、黄瑛、陆杨、曹鹏。

② 一种纯电动汽车运行风险预警方法，发明专利，申请号：CN202011095360.6，公告日期：2020.01.12，发明人：孙瀚、季晨琦、莫子兴、曹鹏、葛广照、赵磊、张沛、姜鉴铎。

据的车辆轨迹定位、随机通信时延下的网联车辆巡航控制等方法[1][2]，开发了新能源汽车安全风险精准管控系统，研制出路面声光电联动警示、立体引导、隐患消除、现场防冲、防撞、防火、防爆等装备，整合了国家新能源汽车监管平台和公安交警资源。对新能源汽车运行风险实现精准处置并防控事故发生，从而提高了隐患车辆轨迹追踪鲜活性、布控缉查的实战性、主动执法的精准性[3][4]。

截至 2021 年 4 月 1 日，新能源汽车监控信息共享应用平台接收新能源汽车监测数据共 268791216 条。其中全国隐患新能源汽车零部件风险数据共 257672680 条、沪宁高速无锡段新能源汽车车辆位置数据 9363793 条、沪宁高速无锡段新能源汽车整车风险数据 1511767 条、沪宁高速无锡段新能源汽车零部件风险数据 242976 条。同日，国家"综合交通运输与智能交通"项目部分专家在无锡召开的成果示范应用专题方案论证会上指出，实现的新能源汽车监控信息的安全交换，车辆监测、故障告警等实战应用功能符合新能源汽车风险研判、隐患预警、协同防控要求，阶段性研究成效显著，如图 14 所示。

图 14　阶段应用界面

---

① 一种融合卡口和 GPS 数据的车辆轨迹定位方法，发明专利，申请号：CN201911398575.2，公告日期：2020.05.08，发明人：吴晓峰、姜良维、蔡岗、孔晨晨、赵磊、黄淑兵、张沛、周云龙、许剑飞、黄瑛、姜鉴铎、李小武。

② 融合 GPS 数据和卡口流量数据的城市交通流量预测方法，发明专利，申请号：CN202010406812.1，公告日期：2020.08.25，发明人：姜良维、张沛、蔡岗、黄瑛、周云龙、赵磊、黄淑兵、孔晨晨、姜鉴铎、孙瀚、吴晓峰。

③ 姜良维：《新冠肺炎疫情下人车安全管控的思考》，《道路交通科学技术》2020 年第 4 期。

④ 姜良维、蔡晨、郑煜、吴仁良、高浩渊：《基于人工智能视觉的高速公路交通事故预警预测关键技术研究及应用》，《中国科技成果》2020 年第 20 期。

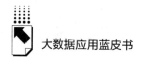

六　结语

推进新能源汽车产业发展是国家重大实施战略，保障新能源汽车运行安全是国家职能部门义不容辞的责任。跨部门跨网络的新能源监控信息共享应用平台，是大数据、人工智能等新技术应用的一个范例，全面提升了新能源汽车风险研判、隐患预警、协同防控的实时性和准确性。未来项目团队将在无锡、嘉兴示范应用的基础上，进一步对接全国公安集成指挥平台的各类资源①，不断扩大新能源汽车监控信息共享应用覆盖面，为我国新能源汽车路面运行安全保驾护航，也为保障道路交通安全有序畅通提供技术支撑。

---

① 公安部交通管理局：《深化公安交通集成指挥平台建设方案》，2020年10月26日。

B.3
基于"5G+工业互联网"的智慧钢铁研究与实践

刘伟 武涛 邵涛 周耀明*

摘 要： 钢铁行业从"制造"向"智造"转型离不开工业互联网、5G、大数据、云计算、人工智能技术和平台支撑，以此实现基础自动化和装备的全连接、现场作业无人化少人化、过程控制自动化、生产管理的信息共享、产供销的协同联动、市场动态预测。通过构建工业互联网平台，提供智能装备、智能工厂、智慧运营、协同生态的智慧钢厂的数字化转型。网络连接是实现钢铁工业互联网和数字化转型的前提，连接由以有线为主向以无线为主过渡，由多种接入方式整合为以5G+光纤共存的模式为主，共同打造低时延、高可靠的基础网络。

关键词： 工业互联网 5G 数字化转型

---

* 刘伟，中国联合网络通信有限公司安徽省分公司，工业互联网负责人，主要研究方向为5G技术应用、信息安全、智能工厂网络改造；武涛，中国联合网络通信有限公司安徽省分公司，技术总监，主要研究方向为5G专网、工业互联网、智能制造；邵涛，中国联合网络通信有限公司安徽省分公司政企BG副总裁，联通数字科技有限公司安徽省分公司总经理，主要研究方向为智慧城市大脑、智慧园区、5G+工业互联网应用等；周耀明，博士、高级工程师，中国联合网络通信有限公司安徽省分公司首席科学家，中国管理科学学会大数据管理专业委员会副主任，安徽省通信学会大数据与人工智能专业委员会主任。

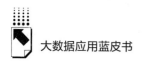

一 背景

我国钢铁行业发展迅速。2020 年中国的粗钢产量达到 10.53 亿吨，同比提高 5.2%，占全球粗钢产量的 56.5%，居世界首位①。但我国铁冶金行业的智能化水平较世界发达国家相比还有很大的差距，利用物联网、5G、工业互联网、大数据、人工智能等新技术与冶金行业的融合是中国钢铁行业发展的重要趋势。国务院和工信部、国家发改委等部委先后出台了《中国制造 2025》《关于深化"互联网＋先进制造业"发展工业互联网的指导意见》《工业互联网发展行动计划（2018 – 2020 年）》《关于推动工业互联网加快发展的通知》等文件，明确提出企业应充分利用工业互联网、5G 等技术，激发生产力，优化资源配置，最终重构工业产业格局。中国钢铁迎来了工业互联网的发展契机。

从业务上看，我国钢铁制造业需要进一步强化多专业的调度业务，整合及协同，并打通各专业、全流程的业务系统，实现高度集中、高效快捷的扁平化组产模式成为重要的发展趋势。从既有基础条件上看，自 20 世纪 90 年代以来，我国钢铁行业在实现企业管理的物流、信息流、资金流等方面取得了显著的进步，行业制造水平和能力有显著提升，钢铁"制造"正在向钢铁"智造"转型。上述特征，为 5G＋工业互联网在钢铁行业中的应用和推广奠定了很好的基础。

构建面向钢铁制造行业的 5G＋工业互联网及智能化应用主要包括以下内容。

第一，搭建高质量企业内网络，实现网络互联互通和数据互联互通，为工业企业提供开展业务所必需的无线网络环境，支持企业生产设施、设备等工业终端接入。

---

① 《中国 2020 年粗钢产量达到 10.53 亿吨同比增长 5.2%》，《世界金属导报》，2021 年 6 月 17 日，http://www.worldmetals.com.cn/viscms/xingyeyaowen3686/253929.jhtml。

第二，基于SDN技术的白盒工业网关、边缘计算网关。软硬件解耦，改变应用开发依赖编译器和私有SDK等问题，实现工业网关智能接入工业专网、智能组网等网格功能，使得工业网关更智能、更开放。

第三，5G＋工业互联网的智能化应用。在5G高质量网络基础上，实现钢铁冶金的远程故障诊断、远程控制、无人驾驶（堆取料机）、物料等业务，为企业业务运行提供安全保障和有效资源调度，突破传统制造在可靠性、安全性、智能化等方面的短板，开展工业互联网技术创新，支撑智能制造和产业升级。

5G＋工业互联网及智能化应用在钢铁制造行业的推广将为产业价值链、经济效益、制造行业经营效益、国家政策响应与推动等方面起到积极示范作用。

二　钢铁智能化发展现状

随着全球范围内制造业信息化、智能化及终端产品需求多元化，加之中国工业经济的转型升级，对钢铁冶金行业提出了更高的要求，智能制造是解决上述问题的关键所在。国内外大型钢铁企业如美国大河钢铁、韩国POSCO、日本新日铁、宝武集团等也纷纷将智能制造作为未来钢铁行业发展的重点方向，纷纷利用自动化技术与智能控制技术，为工业企业提供产线柔性化、生产智能化工具，也提供了工业企业自身与用户、供应链等联系的手段，推动工业向智能化、服务化、高端化转型。通过智能制造达到为企业提质增效、减员增效、节能减排、转型升级、增强竞争力的目的。

以大河钢铁为例，其BRS项目2016年投产一期工程，借助德国SMS Siemag的特种钢技术并融合了美国本土公司Noodle. ai研发的智能制造技术，按照工业互联网、大数据、人工智能的理念对生产制造、原料采购、市场营销进行重构。全厂安装有超过5万个传感器，实时采集生产过程中的温度、压力、金属成分、磨损等信息，通过分析预测设备的故障周期，同时也预警维修的时间，从而避免设备的故障和停机，提高制造效率。采用SMS的自主智能制造系统，通过生产计划、设备状况和产品质量之间实时信息交互和数据收集，实现从原材料到成品的数据驱动，整个系统紧紧围绕"产品质量、设备状态、工艺参数"来进行，通过对产品质量相关数据的记录、同步、处理，实现钢卷的数字化——每个钢卷都可以同步追溯到炼钢、板坯、热轧、冷轧等各个工序的信息。所有的质量判定及原因查找在 2 ~ 12 小时完成，包含设备状态、功能精度、仪表、环境等，判断设备状态与环境变化的因素对产品质量的影响程度，通过对工艺流程的各台设备运行状态及功能精度进行诊断、判断，给出运行条件的相关信息，以及对产品质量的影响程度。员工生产效率达到产钢量 3720 吨/人，采购库存风险降低 23% ~ 26%。而国内钢铁行业员工效率为人均粗钢产量 407 吨，大部分上市公司人均粗钢产量都在 1000 吨以内。大部分国内钢企都有巨大的提升潜能，需要借助工业互联网、人工智能等技术为生产效率的提升打开空间，中国钢铁企业需要紧抓 5G + 工业互联网应用带来的新机遇。

本文以国内某钢铁公司原料总厂（某钢铁厂）为例，阐述"5G + 工业互联网"的智慧钢铁方案。

三 "5G + 工业互联网"的智慧钢铁方案

（一）5G + MEC 建设

1. 5G 网络

某钢铁厂由原料收入、原料储存、混匀加工、块矿烘干筛分、原料外供、污矿综合利用等系统组成。设有港口分厂，混匀一、二分厂，外供一、二分厂，综合利用分厂，主要为二铁高炉和烧结、三铁高炉和烧结、资源公司石灰窑服务。为满足使用 5G 网络，将移动设备各类状态信号、控制信号、视频监控信号进行远传，实现远程控制，经实地勘察，需建设 18 处 5G 基站方能覆盖上述场景，基站分布如图 1 所示。

图1 料场5G基站分布

2. MEC 边缘云技术

随着数字经济的蓬勃发展，5G网络与大数据、人工智能、虚拟增强现实、边缘计算等技术深度融合，为智能制造等创新业务场景的发展注入了新活力。MEC（Multi-access Edge Computing 多接入边缘计算）边缘云将高带宽、低时延、本地化业务下沉到网络边缘，成为5G网络重构和数字化转型的关键利器。

如图2所示，基于最先进的5G技术和边缘计算MEC平台，在厂区建设部署18个室内外5G基站，一套MEC平台，厂区内的行业终端流量在本地卸载，保障业务高带宽和低时延的同时，基于MEC平台能力和资源实现厂区各类型终端的接入管理。

为厂区规划专门的TA区，分配专用的DNN，实现基于厂区范围的网络隔离和数据不出园区，充分保证企业数据的安全性和隔离性。

3. 建设技术方案

针对"5G+工业互联网"高质量网络的建设任务，5G网络建设总体方案如图3所示。

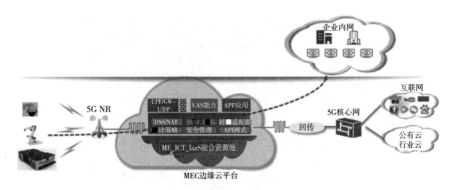

图2 虚拟专网网络架构

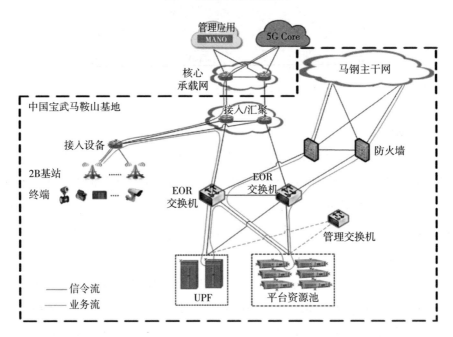

图3 5G网络建设总体方案

在SA（Standalone 独立组网）模式下，成功地进行了工业部署，实现了以下功能：远端 PLC 和中控 PLC 进行双向远程通信、在控制室将网络设备的远程操作、网络控制系统的报警和故障信号发送给控制室，控制室对网络进行实时视频监控、将有线和 5G 进行汇聚，实现了传输网络的冗余备份。

在5G工业实验与运行实际应用中，充分证明了5G无线网络对企业智慧制造的强有力支撑。根据5G网络的特性，为满足现场数据回传低延时性、可靠性、安全性的要求，保证工业现场数据不出园区，工业企业数据中心部署一套MEC设备，实现对接入前端的应用识别，同时MEC交换设备作为企业BGP、MPLS①承载网的CE接入企业承载网，满足企业承载网数据传输要求。终端设备通过有线或无线的方式连接CPE设备，与5G基站进行通信，将终端设备数据汇聚到边缘服务器，通过MEC进行解析，把数据传送到上层云平台进行存储和展示。上层组态数据需要反馈到终端设备时，可以直接下达指令，5G网络完成满足其低时延需求。驻外机构也可以通过5G核心网访问企业内部数据。针对不同典型工业场景进行基站建设，各类前端设备通过空口连接到基站，实现"5G+工业互联网"的应用，网络拓扑如图4所示。

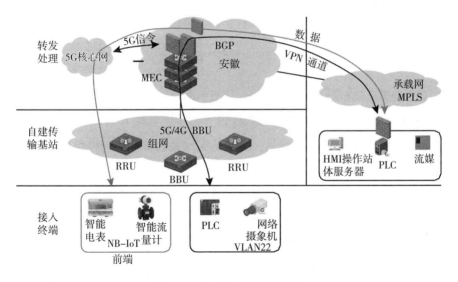

图4 工业应用专用网络拓扑

---

① BGP（Border Gateway Protocol 边界网关协议），MPLS（Multi Protocol Label Switching 标记交换路由器）。

利用运营商网络频谱及运营优势，针对钢铁行业等工业应用场景，建设"专建专维专用专享"的 5G 企业专网（见图 5），提供具有确定性 QoS 保障、数据不出园区的安全独立专网。

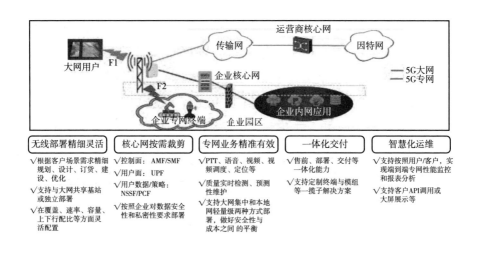

图 5　5G 专网整体解决方案

4. 5G 工业适配网关设备

在 5G＋工业互联网高质量网络建设方案中，如图 6 所示，根据现场特点使用了国产自主设计核心产品：工业适配网关设备（工业模组）（见图 7、图 8）。

该设备具备防水、防尘、抗震、抗电磁干扰、抗低温高温特性，满足工业环境较复杂的室内外环境应用需求；能够实现工业以太网协议与 5G 网络协议的适配；能够面向 5G 流量优化整形；能够实现多业务并行，业务优先级管控；可以在云端配置下发，实现基于 SDN 的灵活管理。其具体技术产品参数特征如表 1、表 2 所示。

图6　5G工业适配网关

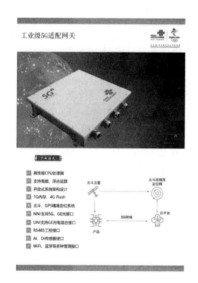

图7　工业适配网关设备

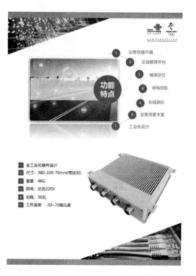

图8　工业适配网关功能特点

表 1 工业适配网关产品技术参数（一）

项目	参数	
支持业务接口	千兆/百兆	
接口类型	所有光口：	LC(外接 SFP 光模块)
	GE/FE 电口	RJ45(带灯)
	时钟接口	RJ45
	本地配置口	RJ45
	网络管理口	RJ45,和本地配置口共用端口
	电源接口	三芯 220V 交流接头
	2M 业务(E1 业务)接口	RJ45
接口数量 (最大配置)	combo	2 个
	GE/FE 光	2 个
	GE/FE 电	2 个
	E1 端口	2 个(支持 4 路 E1 业务)
L2 特性	支持流控、广播风暴过滤、环网抑制、QinQ、ACL、性能统计等	
L3 特性	支持动态、静态 ARP 以及子接口;支持 OSPF、BGP、静态路由等多种路由协议;支持组播 PIMIGMP	
MPLS 特性	支持 MPLS 和 L2/L3 VPN 业务承载,支持 GRE 封装,支持封装 2M 业务	
业务保护	支持 BFD for OSPF、BFD for PW、PW APS	
OAM	支持 BFD 检测,以太网 OAM(802.3ah),以太网业务 OAM(Y.1731);支持在线的 LM/DM 测量	
QOS	支持层次化 QOS,包括流量分类、监管、拥塞、队列调度、流量整形等	

表 2 工业适配网关产品技术参数（二）

规格	参数
业务口防雷	差模 ± 模 ± 防,共模 ± 共模 ±
交流电源接口防雷	差模 ± 模 ± 源,共模 ± 共模 ±
外形尺寸(宽 * 深 * 高)	391mm * 162mm * 44mm
重量(不含包材)	2.015KG
RTC	支持
额定电压范围	交流输入:100V AC ~ 240V AC;50/60Hz
最大电压范围	交流输入:90V AC ~ 264V AC 47Hz ~ 63Hz
最大功耗(所有以太网接口满带宽)	26W
工作温度	0 ~ 55 摄氏度

（二）典型工业场景

如图9所示，在典型5G专用网应用场景中，利用企业5G高质量网络为其提供资源保障服务，MEC+UPF下沉，在园区建设5G虚拟专网，与公众网络基本完全隔离，安全性更高。典型场景如下。

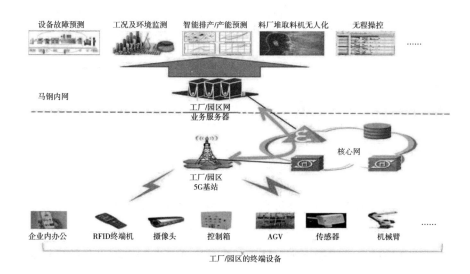

图9 5G专网应用场景

1. 智慧料厂5G远程操控

钢材生产的原料大量从外购买，原料到达港口后，通过大型输送皮带、输送机、巷道到达料棚，由料棚中的堆取料机、移动小车等设备对原料进行转运、均化。

港务料厂装备有大量移动设备，分布在料厂区域内，现场视频监控信号及控制信号的传输量巨大，有线网络路径复杂、施工量大、维护成本高，移动设备的控制信号WiFi传输容易受干扰、时延不稳定、性能受限；单路网络不够可靠，单点故障即可造成整体停运。各控制系统信号连锁复杂，协同控制困难；设备的巡检工作依靠人工，而现场环境复杂、浮尘较多、危险程度高，设备故障处理不及时将造成间接经济损失。为此，需构建料厂5G方案，其拓扑图如图10所示。

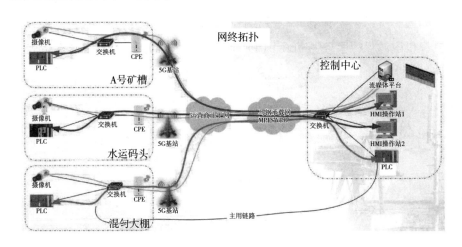

图10 料厂5G拓扑

第一，矿槽远程操控。通过在移动布料车上部署摄像头，将视频信号接入5G网络，同时将控制系统与HMI操作界面通信接入5G，将现场操作工人从污染严重的环境中撤下来，实现在中控室通过监控布料设备的运转状态和电气信号完成远程操控。

第二，堆取料机远程操控。通过5G完成各系统关键控制信号连锁，动态计算每台堆/取料机准确行走位置、悬臂回转及俯仰的空间位置，根据来料信号、取料信号、料堆高度等实际情况来调整和控制各台堆、取料机启停、俯仰角度、行走位置等。当计算结果发现有碰撞可能性时，发出报警信号，引起有关操作人员的注意，如果相邻堆/取料机间距继续减小，则发出紧急停车信号，堆/取料机自动停止。提高控制自动化程度，降低操作工劳动强度，实现堆取料机远程操作。

2. 大型旋转设备故障预测性维护

大型旋转类设备是钢铁企业的关键性咽喉设备，它们以转子及其他回转部件作为工作的主体。在厂区内，TRT（Blast Furnace Top Gas Recovery Turbine Unit 高炉煤气余压透平发电装置）透平电机、高炉鼓风机、主抽风机、除尘风机等占所有设备的比重较大，一旦发生故障，将给企业财产甚至工人生命带来难以估量的损失和伤害，所以大型旋转类设备故障预测性维护系统也是人们愈来愈关心的问题。

大型旋转设备运行环境复杂，设备故障点多且不易控制，点检劳动强度大，需要大量的点检人员，不能准确、及时地评估设备的当前运行状态，检测出设备异常时已为设备故障晚期。机组运行数据和过程数据较多，重要机械部件缺乏有效监测手段，缺乏统一、可靠的设备管理体系和平台，数据对比分析困难，后期维修困难。例如，炼铁总厂南区 4#TRT 在 2016 年 9 月并网发电以来，设备可开动率仅为 84.09%，而通过 5G 网络建设改造，可以大大改善这一情况。

如图 11 所示，通过搭建 TRT 智慧检测诊断平台。炼铁总厂南区的 4#TRT 故障预测性维护系统将工艺设备数据、人员信息、环境监测数据回传后台，建立"设备 - 人员 - 环境"多维综合分析预警模型，通过"智慧检修诊断"核心业务系统，确保实现设备故障告警、工况劣化预警、环境安全预警、作业安全防护等过程监管，将设备智慧维护落地，部署生产过程信息采集和监视、趋势分析、历史回放、报警统计、综合报表等功能。

3. 行车5G + 无人驾驶

行车应用在生产线上应用广泛，存在很多高频率且结合生产工艺的使用场合。如轧制工艺衔接、仓储物流、液态吊、抓渣等，涵盖炼钢、炼铁、轧制等众多场景。目前钢铁行业部分炼钢、炼铁、轧制流程仍采用人工处理，因此现场作业伴随着高风险、高强度的人身安全隐患。例如，顶吹炉液体吊行车的操控均为人工操作，现由两人合作完成，分别在行车上负责驾驶舱，以及在地面负责副钩与钢包悬挂配合，使得液体吊可以顺利倾倒镍液。镍液温度高达 1200 ~ 1300 摄氏度，操作过程存在安全隐患。在成品库车间中，行车使用作业流程包括：产成品的下线抓取、成品库的倒垛、出库等，现场人员在行车吊台控制室进行操作，操作室操作的工作空间狭小，工作环境相对恶劣，无高清视频监控，对操作人员的经验和熟练度依赖程度高。

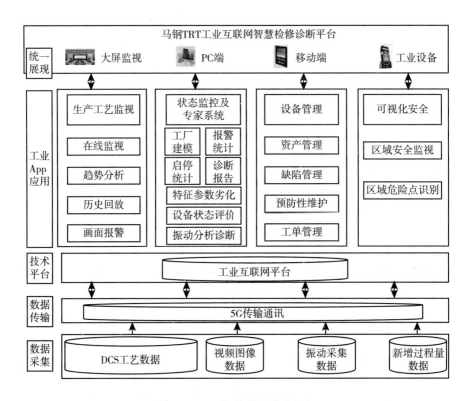

图11 TRT 智慧检测诊断平台

目前行车的信息化、自动化程度低，主要通过现场人工操作，行车操作的工作环境相对恶劣，便捷性差，人力投入大，存在较高人员作业安全隐患，且控制平台、自动化操作系统不成熟。可借助 5G 网络推动行车设备的自动化改造，对行车设备进行精准化管理，实现无人行车高清视频实时传输的应用，以及无人行车智能控制流程的实时对接。

板坯库接收来自连铸工序的冷、热连铸板坯，实施板坯入库管理，按照轧制计划中的轧制顺序，实施板坯出库管理。受项目建设时技术条件限制，行车与各系统间未能实现无线通信。板坯的下线入库需要频繁进行盘库，上线也需要操作人员人工进行出库操作才能保证库区管理系统中的板坯数量的准确。另外，行车吊装过程需使用人工对讲系统建立行车与地面的联系。图12 为板坯库行车平面图。

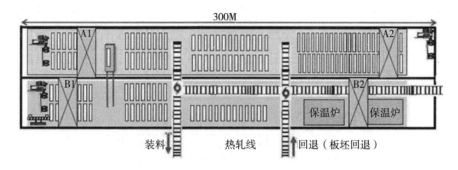

图 12　板坯库行车平面

板坯库行车无人化管理。利用 5G 工业互联网高质量的网络建设，通过 5G 网络替代原有的有线网络，将行车车载系统控制信号与库区管理系统连锁，协同完成行车的各项作业。实现库区管理系统的高效运行，板坯数据自动更新，无须人工盘库和操作出库，吊装过程自动完成连锁，释放人力资源。以 5G 网络为基础，以信息物理系统为框架，通过工业互联网、移动边缘计算、人工智能等的创新应用，结合立体库区建设，实现天车运行、管理无人化，包含无人天车改造及控制系统、天车管理控制系统、智能调度系统三个方面。

4. 5G＋AR 辅助设备运维培训

钢铁行业设备属于结构复杂、技术密集的大型复杂机电系统。钢铁行业设备的装配和维修过程对人员技术和工具设备都有极高的要求。由于受时间、条件和环境等因素的限制，培训成本高、维修劳动强度高、技术难度大，是产生维修差错和质量问题的主要原因。维修质量对设备的性能和使用寿命影响很大，维修和装配差错更是诱发或直接导致事故最重要的原因之一。目前，无论是制造厂还是维修单位，复杂装备的拆装和维修都是依靠纸质或手持终端上的电子手册，需要边看边进行，难度大、效率低、差错难以控制，双手被占用，并且传统方式完全依靠维修人员的维修技能和经验，维修装配的质量可控性较差。

基于边缘计算的 AR 辅助钢铁行业设备运维培训演示系统，是利用边缘计算、增强现实、人机自然交互和交互式电子手册（IETM）等技术构成的针对钢铁行业的支持系统。运维人员通过自然交互手段感知周围场景和维护对象的变化，利用增强现实三维注册显示和跟踪定位技术将所需要的数字化诱导信息根据手势和语音等无缝显示到 AR 眼镜中，从而解放作业人员的双手，使之专注于实际工作，提高作业效率，减少错误发生。图 13、图 14 分别展示了 AR 系统的硬件框架与应用架构。

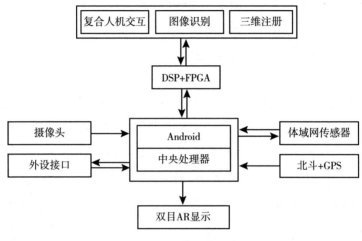

图 13　系统硬件设计

　　例如，随着智能制造的发展，智能化的工业机器人、机械手臂应用越来越广泛，而与之相反的机器人、机械手的维护维修人员十分缺乏。为打破工业机器人检修、维护的教学瓶颈，需开启工业机器人运维人员培养新方式，运用 5G 的大带宽、低延迟的通信特性在 AR 智能眼镜、AR 智能眼镜配件、移动终端、服务器分析平台间传输所需数据。5G 大宽带的作用体现在提升 3D 模型等多媒体内容的实时加载速度，使用边缘网络中的设备，数据传递又具有极低时延，在快速移动的场景中，5G 让稳定的毫秒级实时数据同步变得可能，也保障了 AR 终端的流畅。在实际运维培训场景中，可以让参训人员在观看实物装备的同时，在 AR 眼镜中看到不同装备的整体，各个部件的 3D 模型以及它们的装备关系、工作原理、维修方法等信息。能够身临其境地进行培训学习，在装备和相关信息之间建立关联，大大提高新装备和新人员的培训效率。

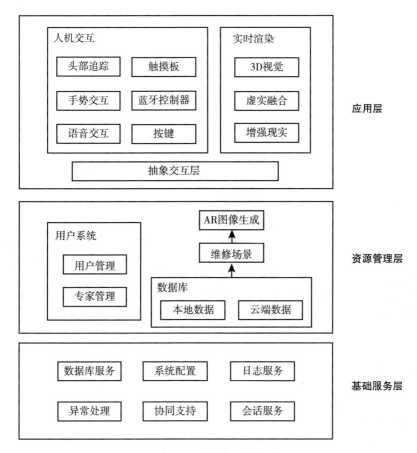

图14　系统应用架构

通过 AR 系统呈现出真实的工业机器人本体及工艺任务形态，工业机器人运动控制器也可以同 VR 眼镜实时通信，真实操作虚拟的 AR 工业机器人，通过 5G 网络实现了实时交互、真实示教、编译仿真、虚实结合、沉浸式工业机器人训练。借助计算机图形学技术和可视化技术产生现实环境中不存在的虚拟对象，并通过环境识别和三维注册技术将虚拟对象准确"放置"在真实环境中，借助显示设备将虚拟对象与真实环境融为一体。在培训过程中可完成喷涂、焊接、码垛、分拣等工艺流程体验，也可让每一位参训人员根据自身的学习特点，通过仿真软件学习内容，按照适合于自己的方式和速度进行学习。

该系统主要研究如下内容，一是如何利用 AR 智能眼镜的虚实融合、实时交互、解放双手、信息近眼显示等特点，使其显示方式和交互方式可真正做到以操作者为中心；二是在运维培训中，如何使 AR 智能眼镜让参训员直接进入真实的操检环境中，通过数字化模型帮助了解设备的工作原理及操检步骤，快速掌握操作、维修知识及技巧，从而提高培训效率，降低培训成本。

根据机器人 5G + AR 培训的实施效果，后期将推广到大型设备运维、AGV 小车、叉车、数控机床等设备的培训。

5. 5G + AI 机器视觉的表面质量检测

目前，机器视觉的应用主要包含五大类，它们是图像识别、图像检测、视觉定位、物体测量和物体分拣。为了保证判别结果的准确性和应用的正常运作，整套系统的信号传输是一个关键因素。通过 5G 网络，机器视觉系统实现以移代固，将视觉系统单元配置为无线传输来替代传统有线连接方式；图像采集自由分布于多个工位且共享图像处理单元，共同实现高速、低成本自动化检测生产线。同时，通过 5G + MEC 搭建的"5G 虚拟专用网"将生产过程数据的传输范围控制在企业工厂内，满足生产数据安全性要求，确保了网络安全和生产安全。

基于 5G 虚拟专网和万物互联部署，机器视觉系统可以实现实时远程监测功能。依托 5G 高速率、大连接特性，不用进车间即可通过移动终端和便携终端监视制造企业生产过程执行管理系统（MES），获取视觉检测系统的运行状态，如正常运行时间，有效运行时间，故障原因等。图 15 为表面质量检测系统架构示意。

应用传感器或基于工业摄像头的机器视觉，辅以运动执行装置，对车轮表面进行扫描，配合机器学习训练，实现对常见表面、近表面缺陷的有效检测。采用大数据、AI 等技术以及自编算法的识别系统，优化成像环境，提高成像质量，提高标识识别成功率；提高常见表面缺陷、折叠缺陷等质量异常检测的准确性；实现轮轴制造过程中表面质量的在线检测，达到产品"零缺陷"出厂；实现检测线轮箍环件外观缺陷检测。表面质量检测总体方案如下。

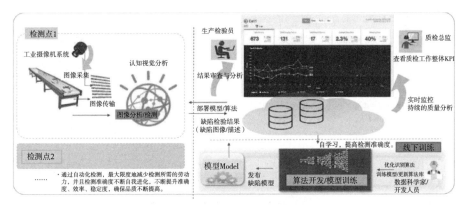

图 15　表面质量检测系统架构

第一，瑕疵图像获取。通过检测装置系统获取产品图像；第二，瑕疵智能识别。通过人工智能识别算法，识别出有瑕疵的产品；第三，瑕疵产品标记。瑕疵自动在显示屏上显示，对瑕疵产品做人工标记；第四，瑕疵产品分流。系统自动标记出有瑕疵的产品，使其在产线末端分流。

通过在检测线表面检测流程上加设高清摄像头，部署 5G 网络传输信号至表面检测平台，检验员在平台根据需要更改车轮缺陷类型，标记未知缺陷类型。检验员复核车轮图像检测结果，复查未知缺陷类型并对其进行分类。模型管理者可以使用平台来管理图片、缺陷类型、模型和检测终端。模型管理者上载特定缺陷类型的图像集，基于图像集和缺陷类型训练并验证模型，并分发可执行模型。同时，模型管理者可以管理用于模型执行的终端设备集群（见图16）。

6. 基于5G 移动小车智能化改造

移动小车光缆布线复杂，在设备作业过程中容易使光缆受损，影响正常生产。视频信号传输不清晰、监控点位覆盖不足，部分移动小车缺乏定位及检测设备，不满足集控条件。

采用 5G 网络确保网络通信稳定、可靠；将数字摄像头更换为网络摄像头确保清晰度；将视频图像和设备操作传送和转移到就近集控室或者中控室；对于需要远程对位的小车增加格雷母线、限位开关、矿槽料位计、防溢料等检测设备；将 HMI 融合节约空间。为实现远程监视和操作，优化人力资源，取消现场操作岗位创造条件。系统拓扑图如图 17 所示。

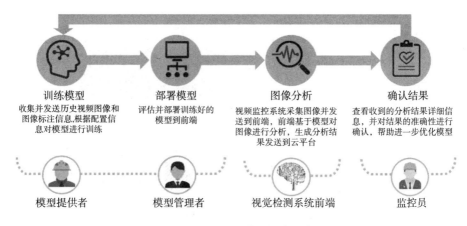

图16 在线检测功能模块示意

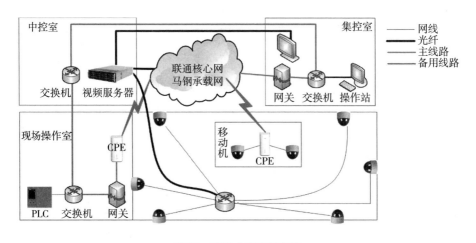

图17 移动小车组网拓扑

固定视频信号每6个摄像头汇聚到1个交换机，其中集中转运站每层汇聚到1个层交换机，将1~4层交换机汇聚到1个总交换机，通过光缆发送至中控，中控转到集控。每个移动小车安装2个摄像头，使用1个CPE接入5G网络。每台移动车上的PLC控制系统配置1个CPE，考虑到PLC没有网关，需要在现场和集控室内分别增加1个网关。

7. 5G + 胶带机智能维检

胶带机因工作环境复杂，运输距离长，运输量大，生产运行中经常会发生电机、减速机故障，胶带跑偏、打滑、撕裂等现象，由于缺乏有效检测、监测手段，发生设备事故轻则影响生产效率，重则引起严重事故（见图18）。

图18　5G＋胶带机智能维检

运用智能传感器及5G网络技术，提升设备运行检测手段；建立设备实时数字化模型，实现设备管理可视化；运用智能分析模型，实现故障快速智能诊断；进行系统的数字化健康评估，保障系统运行安全；利用历史数据，基于机器学习算法和模型分析评估设备健康状况，实现预测性维护。同时建立一套包括档案管理、备件管理、设备检修等功能的智能维检系统，实现运维监测信息化及智能化远程管理。

5G胶带机智能维检利用5G网络实时采集电机、减速机及胶带数据，将数据周期性上传，经过智能算法分析后进行状态估算和态势感知并发送给运维人员，以提前预测设备状态并采取措施，避免胶带故障和安全风险。

四　未来展望

结合5G技术，充分将企业的人、机、物、系统进行互联，进一步赋能

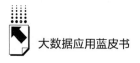

钢铁制造，5G + 工业互联网平台主要聚焦如下应用场景。

第一，智能设备互联。面向复杂多样的现场装备，进行数据采集和接入，获取设备运行和状态数据，实现工业互联网泛在连接。

第二，智能化生产。钢铁行业工业互联网平台可将生产工艺、生产过程控制、产品质量管理等领域涉及的工业知识显性化为工业机理模型，结合5G技术，进行人、机、物、系统连接，对钢铁工艺流程进行优化。

第三，智慧化运营。结合实际市场需求和企业生产能力，利用5G技术，将企业运营的关键要素接入工业互联网平台，提升企业综合运营效率和产品用户体验。

第四，绿色化发展。钢铁行业的能耗和环保问题日益突出，钢铁企业可采集各生产环节的能源消耗和污染物排放数据，找出问题严重的环节，并进行工艺优化和设备升级，降低能耗成本和环保成本，实现清洁低碳的绿色化生产。

当前5G + 钢铁行业规模化应用仍面临使用成本高、技术生态不完善、缺少示范案例、建网标准与商业模式不清晰四大问题。需要加大5G钢铁行业专网技术研发和推广。一是提升5G钢铁行业专网的MEC/网络切片等技术能力，提供更优质QoS服务能力、安全能力、应用配置管理、防火墙、生命周期管控、路由策略管理、负载均衡、定位标识、计算、存储等能力，方便企业用户灵活快速完成应用部署及弹性扩容。二是开展5G行业专网网络设备的按需研发，设备研发需考虑具体应用场景规模，企业可以合理控制投资规模，按需配置网络平台。三是加大推进建网推广，在规模使用5G网络承载业务场景下，分摊5G综合使用成本。

B.4
工业大数据在葡萄酒产业中的应用

叶迎春　祁学豪　张仁勇*

摘　要： 葡萄酒产业作为农业生产的代表性产业之一，主要包含葡萄
种植和葡萄酒酿造两个主要环节。和其他的农业产业一样，
其生产存在着周期长、过程数据难以采集、生物化学原理较
复杂等因素。这些因素，给进行农产品种植和生产的科技人
员进行生产分析和工艺调优带来了困难。为了解决这一困
难，需要使用新的信息技术手段，进行过程数据集构造。而
复杂数据的采集、传输和存储，对于网络的吞吐量、时延、
抖动性和丢包率都提出了较高的要求。这样就需要新型的工
业互联网络和连接平台为之服务。借助高质量外网，对葡萄
种植和葡萄酒生产过程中的数据进行综合利用和实时监控，
建立数据标识；并在此基础上完成数据的清洗和转换，构建
数据仓库，设立机理模型和进行虚拟对比实验。本方法的小
规模机理实验在线下完成，解除了用户对于生产工艺向外泄
露的担忧，而海量平行对比数据可以大大减少生物化学实验
的次数，并为科研人员选择研究方向提供指导性的意见。其
核心优势在于，充分利用高质量外网和大数据，进行虚拟逻

* 叶迎春，高级工程师，人社部一级人力资源管理师，中国工业互联网产业联盟"5G＋工业确
定性网络实验室"副主任，南京工业互联网产业联盟副理事长，江苏省委网信办首批网络安
全专家组专家，中国联通移动互联网国际创业中心创业导师；祁学豪，网络通信与安全紫金
山实验室系统架构师，主要负责全连接工业专网、工业智能数据采集分析相关课题及平台的
架构设计及研发工作，负责SDN私有云平台、工业互联网平台及应用研发工作；张仁勇，工
程师，人社部二级人力资源管理师，5G智造数字孪生创新中心、工业互联网联盟、5G产业
发展联盟理事会员，中国联通大数据专家，安徽大数据协会会员。

辑比对，从而完成了真实小规模无法复现的机理还原测试，同时核心工艺的落地实验在线下完成，解除了用户的后顾之忧。

关键词： 葡萄酒产业　工业大数据　感知　互联

一　宁夏葡萄酒产业发展现状与面临问题

进入新时代，随着人民群众生活水平不断提高，葡萄酒消费需求快速增长，消费趋势逐步向知名品牌和优质企业集中，葡萄酒产业发展迎来新的黄金期。兼具生态、经济、社会效益的"紫色液体经济"将成为区域经济高质量发展的有力助推器。虽然葡萄酒产业发展机遇千载难逢，但市场竞争也日趋激烈。在工业大数据领域中，过程制造与加工行业的数据标准化和数据采集密度还很低，在生产过程中需要不断提高数据采集的质量和数量，并且实现数据的共享。只有在区域范围内和行业范围内实现数据的有效复用，才能够利用数据推动产业的应用和模型建设，提高整个产业的效益水平。

目前，贺兰山东麓已成为世界关注的葡萄酒热点产区，列中国地理标志产品区域品牌榜第14位，产业集聚效应明显。但是，产业监管存在盲区，标准化产业体系尚未成形。贺兰山东麓葡萄酒在走出国门、走向世界的过程中，缺少国际化权威检测、认证机构的认可，在国际市场竞争中先天不足，处于劣势；葡萄种植、酿造、包装、运输、贮存及生产环境、定制酒管理、地理标志保护、质量追溯等全产业链标准和规范化体系建设还不完整；生产、经营等环节存在监管盲区，相关条例、标准、规范、法律等执行落实也不够到位。

产业发展需要科学规划葡萄酒产业布局、加强标准化原料基地建设、积极实施品牌引领战略、强化科研技术标准工作、培育葡萄酒文化氛围、着力完善葡萄酒产业链条、加大财政金融扶持力度、规范葡萄酒生产经营秩序①。不过，随着产区规模的扩大和知名度的提升，一些发展中的问题亟待解决。例如：葡萄酒产业科技支撑不足，葡萄种植品种和葡萄酒产品单一；对土壤区块特点等基础性研究不完整、不深入，新优酿酒葡萄品种引进、选育、研发工作滞后，品种较为单一；新产品、新工艺的研发乏力，葡萄酒产品同质化严重，不能满足不同消费群体的差异性、个性化消费需求②。

农业生产的核心问题是数据匮乏、工艺机理没有白盒化、数据和生产经验存储分离。要通过技术的手段，实现生产现实、数据、规律的融合，并进行严格的权限控制，使得能够在保护技术秘密的同时又促进生产。

按照万物感知、万物互联和万物智能的要求，通过对葡萄酒产业的葡萄种植、葡萄酒加工全过程的多元异构数据进行融合分析，以及对宁夏葡萄酒大数据进行案例分析（主要从数据管理和平台建设层面进行分析），全面提高种植质量和加工工艺，促进全行业的效能提升。

为指导各个分散的葡萄生产和葡萄酒酿造单元进行智能化生产，特就葡萄酒工业的关键过程的数据采集、传输、存储的标准进行探索性的建设，并且基于采集的数据建立数学模型，分析数据的相关性，对生产机理进行数据探查。采用成熟和先进的信息科学的机器学习理念，辅以深入葡萄酒工业的具体实践，对于提高生产效率、提高品质、加强科学化决策具有非常重要的推动作用。通过构建基于多源异构数据处理的大数据管理云服务平台，解决数据的采集、融合、协同等关键技术问题，确定宁夏区域葡萄酒行业评价标准和领先优势，树立行业标杆。服务平台的立足点是提供工具而不是提供结果，这可以比喻为提供锤子并不会泄露制造宝剑的工艺一样。而且提供工具化的产品，有助于产品的标准化和普适性，特别适合互联网的高速复制模式。

---

① 刘世松：《中国葡萄酒可持续发展研究》，新华出版社，2017。
② 李换梅：《葡萄酒产业转型中政府职能实证研究》，《中国酿造》2018 年第 11 期。

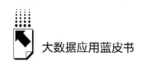

二 工业大数据发展现状

工业大数据目前的行业热点在于，以工业大数据技术为核心①，综合利用云计算、人工智能、物联网、AR/VR/MR、NB-IoT 等新兴工业网络，智能设备、各种传感器、工业控制系统等构建人机物共融协同的互联感知，集成协同、自决策执行的新型交互式工业生产环境，来提升工业企业应对需求变化的响应速度，以更柔性的生产组织方式，变革制造企业的研发、生产、运营、营销和管理模式，实现制造企业智能化制造和智慧化服务，催生制造业新业态。

随着技术的进步，数据已经成为土地、资本、人力、技术四大生产资料核心要素之外的第五大核心要素。而数据资源的有效利用，必须完成数据的标准化、规范化，同时在不同异构数据之间进行通联和融合比较，才能够在整体上把握数据，发挥数据资产的生产资料能力。在完成基础性的数据感知和数据联通之后，利用平台的整体优势，进行智能计算和模型训练，实现数据的有效利用。

针对工业生产环境的数据采集、存储、分析以及可视化展示需求，需要构建智慧云制造大数据平台，利用工业大数据感知技术和集成与清洗技术，将传统数据库技术与大数据技术相结合，构建云存储生态集群，实现智慧制造云中各类多源大数据的接入和存储管理。针对实时数据，通过分析实时数据检测设备状态、预防设备故障、优化生产过程；针对历史数据进行整合和分析，建立工业级的预测模型，以进行更有效的生产和运营，为工业典型应用场景提供复杂事件处理（CEP）、实时数据流分析以及智慧制造云中多维大数据的分析展示等提供支撑。

工业大数据的核心在于感知、通联和智能计算，三个方面相互影响、相互提高。针对不同的工业场景，这三个方面的重点不一样，解决的主要任务

---

① 张建生：《中国葡萄酒市场年度发展报告》，2017～2018。

也不一样。同时，三个方面也是相互关联的，在数据的感知和通联比较充分的场景下，边缘计算、异构计算就是主要的任务；而在农业、种植业等手工行业，数据的感知和通联则是首要的任务。

在智能食品工厂系统、智能食品生产系统和智能物流系统中，数字世界与物理世界无缝融合。在这些系统中包含有必需的从种子、零配件到产成品的全部信息。通过物理信息融合系统，企业不仅可以清晰地识别产品，定位产品，而且还可全面掌握产品的生产经过、实际状态以及至目标状态的可选路径①。

在"工业4.0"时代，在基于计算的概念化模型和基于物理的真实模型之间，正逐渐建立广泛而深层次的联系。原先的信息化方法，就是实现真实世界的数据化的采集，而目前的发展就是对真实世界的机理原因、作用机制进行模型化。在农业生产中，计算的逻辑是相对简单的，但是比对数据和构建知识体系是较为复杂的工作，这就需要高性能、能定制的网络进行数据仓库的建立和数据传输。

通过确定性网络，位于不同物理节点和不同设备上的数据，能够以一种准确的方式在数据仓库中进行存储、整理，从而完成对整个生产过程的精确刻画，这对于过程制造时间长、生产条件不可复现的生产起了数据上的资源支持。

三　过程制造、食品工业的产业特点及相应要求

（一）产业特点

葡萄酒生产属于传统的食品工业，生产技艺和方法都是离散存储在各个科技人员或团体的经验中，存在信息化设备部署不足，生产周期长，过程复杂，过程数据不容易复现等困难，包括如下主要矛盾。

---

① 周芳：《情报驱动的平行仿真实体动态生成方法》，《系统工程与电子技术》2018年第5期。

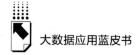

第一，数据的结构化层次较低，呈现多维零散的形式；第二，数据通用化水平不够，数值受设备影响大；第三，采集时间较长，且时间波动明显；第四，同样场景和内容的数据不容易复现，难以进行数据比较。

同时，由于利益问题，厂商不愿意将工艺过程参数上传到云平台，这给葡萄酒工业带来了应用上的困难。

（二）对应要求

将工艺证明的步骤交由线下科研人员完成，平台只负责进行数据业务整理和提出因果逻辑，是为工艺改进提供工具而不是结果。这样，既解决了互联网平台公司做不了生化实验的问题，又有效保护了用户秘密，客户接受度较高。

所以，平台的主要任务就是，构建高质量数据和归纳因果关系。数据质量的问题，影响到机理模型构建时知识的准备。在进行影响因子与因果推导时，非常重要的是建立具有相互对比作用的数据，在其他要素不变，而观察要素发生变化时，对结果的判定，可以有效反推机理的原因。这些方面的功能，主要通过数据采集和数据清洗与中台系统来解决。

葡萄的种植过程，基本上是属于稀疏数据状态，这时可以将生产经验综合起来，建立规则库，然后对规则库进行运算，得出相互印证的规则、相互矛盾的规则、相互无关的规则，然后结合规则推导图进行小规模实验，得到确定性规则。

在葡萄酒生产阶段，数据相对丰富，可以建立平行样本①。这就需要具备高质量传输性质和数据级别标识解析能力的外网。高传输性质，要求数据能够在确定的时间内，以确定的准确率传输到数据仓库；数据级别的标识解析能力，就是对于数据仓库中的锚定数据，可以精确还原采集设备、采集时间、采集时的网络信息。以上两点对高质量外网的需求，传统的以太网网络是不能够满足的，所以需要新型架构的未来网络体系来支持

---

① 邱晓刚：《面向辅助决策的平行系统思考》，《指挥与控制学报》2016 年第 3 期。

数据业务①。

在数据顺利采集之后，统一构建样本数据仓库，结合规则仓库，进行人工规则探索和自动化规则探索相结合的方式，提出一些机理假设；然后把机理假设放入样本数据仓库中进行证明，获得关于生产的指导性意见。在这一工程中，需要构建平行样本，在数学上存在以下的困难。

一是平行样本的原始数据是高维度的稀疏矩阵，比对效果差；二是处理稀疏矩阵时，通过 PCA 等方法，进行数据降维，在降维过程中，设计高维度矩阵转置，计算量大，所以必须设置一定的规则，只对新增的数据进行降维，而避免全部数据的降维；三是在新增的数据产生了新的属性时，算法能够兼顾历史的特征和未来的计算，保持数据特征的连续性。

作为一种通用的数学方法，通过解决平行数据对比的问题，为农业生产和农业种植，提供知识信息，只要通过简单的比对运算，就可以得到明确的结论。

四　宁夏葡萄酒产业大数据示范案例

宁夏葡萄酒产业属于农业和食品加工行业，主要以过程制造为主②。存在着信息化水平低、数据采集密度稀疏、数据不易复现的问题。而随着大数据涉足行业越来越广泛，一站式将数据和应用服务集中到平台，是大数据时代发展的必然趋势。在目前数据来源有限、数据整合不足、分析工具缺失、产业助力有限等问题存在的前提下，基于规范性的数据标准体系，对多源异构数据的收集、融合、协同和数据的采集、评估、认证、定价及数据标记等关键技术进行研发、突破，实现宁夏区域葡萄酒产业和经济发展，实现社会需求，构建一个区域性产业大数据管理云服务平台，对平台的关键机制与关

① 贾杰、代恩亮、陈剑等：《无线传感器网络中联合路由优化的高能效链路调度》，《电子学报》2014 年第 6 期。
② 李金宝、王蒙、郭龙江：《无线传感器网络最小延迟数据聚集调度研究》，《通信学报》2014 年第 10 期。

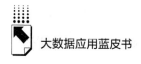

键技术研究势在必行。

为了解决葡萄酒生产过程中的数据采集、传输、存储和运算，并且针对用户需求构建工作平台，我们构建了工业大数据全连接平台，并且在平台上实现了葡萄酒行业需要解决的问题。平台通过工业网关，在工业传感器网络中收集实时数据，并结合天气、湿度、温度等外部数据，进行数据融合和处理。在数据资源之上，构建规则和模型仓库。规则与模型之间可以相互推导和印证，并指导需要采集哪些新的数据。其中数据管理部分包含数据采集引擎技术、数据清洗加工技术、数据资产评估、数据存储与计算技术以及数据溯源等关键技术。数据采集引擎技术是对互联网公共数据采集的重要手段，针对已有的海量数据包括图像数据、气象数据、水势等数据进行采集并上传云平台；数据清洗加工技术是针对已采集的数据进行数据的清洗、加工，实现数据的融合；数据存储与计算平台是针对诸如分布式算法、产品、个性化推荐等服务进行数据消费的基础，该部分将研究多源异构数据的存储与计算机制并开发面向块数据、流数据的数据存储计算平台；数据资产评估主要包括数据定价、数据资产、数据服务等多种模型；数据溯源是建立数据日志研究模型，在各政府数据资源的采集、处理、更新、变化、交易、传输、使用等各个环节均有志可查，从技术上保障数据资源的一贯性，解决了数据的跟踪信息和使用信息的溯源问题。

通过对葡萄酒产业管理中所需的风土、种植等多源信息的数据标准体系的建立，树立数据规范性，提升收集管理方法的水平。进行葡萄酒产业行业基础大数据标准体系研究，建立具有一定通用性的数据结构；针对葡萄种植和葡萄酒酿造，建立涵盖主要生产对象和生产设备的指标体系的数据结构。数据体系较为完整，可以大部分还原生产过程。分解数据间的耦合关系和完善数据接口，数据体系具有内部完整性，数据之间的接口相对固定。数据之间的接口形成行业标准，并且完整独立。

数据结构和标签的标准化，数据接口和标签体系符合大数据工业过程的测量方式，并且在一定时间内保持稳定。数据接口和标签系统基本稳定，并且在行业内形成一定影响。数据标准体系和基于网络的标识解析系统，基于规范性的数据标准体系，对多源异构数据的收集、融合、协同等关键技术进行研发、突破，确保这些技术得以实现，从而构建产区葡萄酒产业基础大数据管理云平台。

支撑葡萄酒产业升级的行业级平台构建技术研究。数据安全指标中敏感数据传输过程采用专用网络，确保数据在公共网络上传输过程中的私密性及不可抵赖性，采用数字证书技术。敏感数据传输过程采用专用网络，数据传输采用了数字证书技术。可靠性指标中，系统应具备高可用性、高准确性、稳定性等多项可靠性指标。

基于数据标准和大数据管理云平台的构建，开展服务于生产酿造工艺提升、服务于行业标准搭建及完善的两类应用以及可视化系统的设计与实现。

开展葡萄生产、葡萄酒酿造的机理模型及大数据分析应用研究，建立因果比照数据，对于具有关键性因素的工艺步骤，进行数据采集和筛选，建立比较数据。对于具有主要因素的工艺步骤，进行数据采集和筛选，建立比较数据。进行要素异常检验与统计分析，对于关键性的生产指标和检验指标，以及主要的生产指标和检验指标，进行异常检验和统计分析。基于结果有监督的相关性分析和模式识别，基于人工标定或自动取得标记的数据，进行机器学习，识别类型和进行预测。不仅基于人工和自动取得标记，还基于规则进行标记，进行有监督的机器学习。数据分析主要包含以下六个主要步骤。

（一）数据采集

首先是利用爬虫系统，收集地区的温度、湿度、降水、日照等自然气候信息，把自然气候信息按照日期和时间进行整理。

然后是利用小规模试验中的数据，对葡萄的品种、颗粒大小、酸度、甜度、比重等做统计。同时可以统计生产过程中的各种微量元素的含量，包括 Ca、Na、盐酸根等。小规模试验具有零散性，因此数据的差异性比较大，需要进行数据整理。

最后是大规模生产的过程数据，包括每次种植的地块、每亩的产量、每次生产的总重量、每次产出的葡萄酒的品质、每次的生产时间等（见图1）。

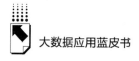

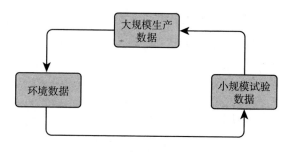

图1 生产过程数据循环

（二）数据的传输

对于环境数据，通过爬虫系统或者程序接口，以结构化的方式接入数据系统中。通过远端 HTTP 服务，使用 JSON 字符串的格式，接入结构化数据。

对于小规模试验数据，通过开放关系型数据库 mysql 的数据表导入功能，接入结构化数据。

对于现场生产和种植的实时数据，在生产和种植环境中设立传感器，并且通过工业总线协议进行传输。如图2所示，在工业总线和信息网络的交界处，设立工业网关，保证数据的实时、有效和顺序传递。这些来自生产设备的数据，通过工业总线网络，传输到智能网关上；通过工业网关，将原始的数据包进行整理和转发，进入未来网络体系，在新型的网络体系中，对数据包的元信息进行提取，从而达到数据的高质量传输和标识解析。

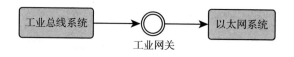

图2 工业数据流向

（三）数据清洗与转换

数据的来源非常广泛，有结构化的数据，有流式的顺序数据，还有二进制数据。这些数据的格式、大小、意义都各不相同，需要整理成具有统一意义的数据。数据的整理方式分三种。

第一种是结构化宽表格式。即按照结构化表的这种格式进行组织数据，因为数据的值很多，所以表很宽，可以设定为 $100\sim1000$ 维，如果这个维度的数据不存在，则进行缺失（见表1）。

表1　结构化宽表

Id	Column1	Column2	Column3
A	1	2	3

第二种是图数据库关系。数据之间的比较，主要通过关系进行，和基于属性的宽表数据形成对比。通过图结构，将数据的联系和属性值结合起来（见图3）。

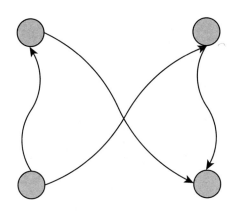

图3　图数据库结构

第三种是模板结构数据。数据结构既包含宽表数据，又包含关系图数据，还有一些文本和二进制数据。这些数据按照不同的模板，有不同的组织形式，形成一个数据结构。按照计算目的的不同，在原始数据的基础上，形成具有特征性的数据结构，对不需要的数据信息进行了屏蔽。

（四）数据仓库构建

在完成了数据的组织和清洗之后，对所有需要处理的数据，通过分布式平台进行存储，并且在存储的数据上设立查找和更新引擎。在集中式管理的数据上，可以对接软件开发层的应用。

数据平台的构建采用 Hadoop 为主体架构，并且在数据处理层之上设立数据汇集、Mapreduce、作业调度等复杂结构。

分布式数据存储和计算系统可以解决计算过程中数据和计算力在物理上分离的矛盾，通过局域网的消息传递方式，在各个不同的进程节点中，统筹兼顾，尽量安排计算与数据位于相同或相邻节点，并且保持数据的一致性（见图4）。

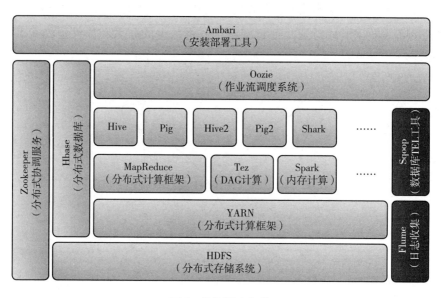

图4　数据平台架构

（五）模型建立和建立对比平行数据

平行数据集的构建基础是矩阵的特征变换，利用原矩阵和它的相似矩阵在数学上的同构，而相似矩阵具有上三角的简单特征。在接入新的数据维度和新的数据条数时，利用新加入的矩阵是长条形的特征，单独进行矩阵旋转，然后保持特征矩阵的近似正交性。当接入矩阵的批次逐渐变多，正交性破坏严重时，才重新进行全局的矩阵旋转运算。这就大大降低了计算的强度，保证了结果输出的及时性（见图5）。

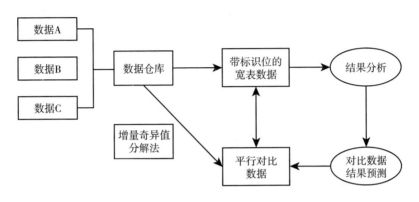

图5　平行数据比对流程

利用来自未来网络的标识解析系统，可以在各个分散异构的数据之间建立对象继承和关联关系，从而能够在单个数据的维度上进行数据平行对比。在平行数据集构建完成之后，就可以对同一生产过程，进行多重数据比对（见图6）。

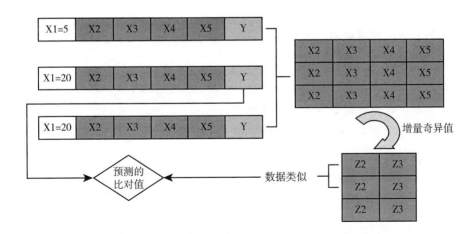

图6　基于特征矩阵和主成分分析的数据处理

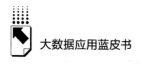

（六）虚拟对比实验案例

针对农业生产数据采集困难、生产环境难以复现的特点，利用平行数据源，对生产模型进行重复虚拟生产对比，在多个虚拟生产的结果中，选取最优的结果。这样就可以大大加快实验的速度，增加筛选变量的自由度，提高生产效益。

案例 1

在葡萄的施肥过程中，某磷酸肥的最佳施肥量不能够确定，当年的降水偏少且病虫害较多，希望调节施肥量，提高产量。

第一步：建立历史数据库，将过去每年的各种化学肥料的施肥量、气温、降水等数据用一种稀疏的矩阵表表示，形成横向和纵向结合排列的高维数据。

第二步：在高维数据表中，捞取正常年份、低产年份和高产年份分别对应的子表。

第三步：在一个具有典型样例作用的案例中，捞取磷酸肥的指标，设为a；然后按照假设2a，3a，0.7a的磷酸肥指标，捞取高维数据集中，除磷酸肥指标以外的指标。

第四步：对捞取出来的数据，进行奇异值分解，并逐条读出，加入样本数据矩阵中，做增量奇异值分解。

第五步：全部数据处理完毕之后，按照主成分分析，选取最大的6个主成分指标；再旋转回原来的数据维度。

第六步：在原始数据中，选择与目标数据的平均值最为接近的数值，作为平行筛选的锚定数据。

第七步：用同样的方法，计算磷酸用量为3a，0.7a时的产量，得到最终的数据假设分析结果。

第八步：在结果中选择一个最优的量，作为本次磷酸肥的施肥量。

案例2

在葡萄酒的酿造过程中，希望对酿造室的温度做最优控制，以保证发酵的葡萄酒的优良品质。

第一步：建立历史数据库，总结过去每一年的各种酿造酵母、水分、酸、酒精等含量数据，构成用稀疏的矩阵表表示，形成横向和纵向结合排列的高维数据。

第二步：在高维数据表中，捞取正常年份、低产年份和高产年份分别对应的子表。

第三步：在一个具有典型样例作用的案例中，捞取气温的指标，设为 x，然后按照假设 $0.8x$，$0.9x$，$1.1x$ 的气温指标，捞取高维数据集中，除气温指标以外的指标。

第四步：对捞取出来的数据，进行奇异值分解，并逐条读出，加入样本数据矩阵中，做增量奇异值分解。

第五步：全部数据处理完毕之后，按照主成分分析，选取最大的6个主成分指标，再旋转回原来的数据维度。

第六步：在原始数据中，选择与目标数据的平均值最为接近的数值，作为平行筛选的锚定数据。

第七步：用同样的方法，计算气温指标为 $0.9x$，$1.1x$ 时的产量，得到最终的数据假设分析结果。

第八步：在结果中选择一个最优的量，作为本次气温设定量。

五 平台的社会效益

数据资源建设在整个大数据行业中居于基础性地位，完善的、标准化和可追踪的数据资源，为整个行业和产业的长期发展奠定了坚实的数据基础。而智能化平台的创立，则是在数据基础上形成智能解决方案，提供了数学、逻辑计算，提供了软件保证，有效提高了数据利用的范围和深度，提供了解决手段。

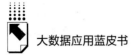

基于SDW的可编程网络，主要解决的就是计算过程中的数据问题，数据从不同的物理节点、按照不同的协议被传输出去，最后需要在数据仓库中最大程度的真实还原数据，并且保证数据的准确性和及时性。在过程制造中，决定工艺优劣的主要是数据，所以通过数据为产业赋能，是工业网络的最大贡献。

本方案基于多源异构大数据管理云服务平台对葡萄产业在数据的采集、清洗、加工过程中的各类数据进行处理和融合，旨在提高贺兰山东麓葡萄酒产业在大数据应用领域的技术创新水平和市场开拓基础，丰富数据来源，提高数据整合能力，提升分析工具能力，加强产业助力水平，从而推动贺兰山东麓葡萄酒产业在宁夏乃至整个西部地区的发展和创新。

本方案服务于地区产业，为形成标准化的作业模式，积累生产经验提供了知识、数据与模型平台，为传统过程制造行业数字化、智能化提供了样板案例，能够提高整个产业的生产效能水平。

B.5
"数字孪生技术"在汽车车身生产中的应用探索

汤 伟[*]

摘 要: 文章介绍了数字孪生技术应用的分类,以及对推动制造业产业链各环节从自动化向数字化、智能化转型发展的积极意义,重点介绍了数字孪生在汽车车身规划设计及生产过程中的应用和数字化解决方案(以下简称项目)。项目以汽车车身生产线全生命周期数字化管理为目标,从生产线前期规划设计、生产交付到维保服务三个不同的产线生命阶段着手,以5G、工业物联和 AI 技术为基础,解决面向不同阶段需求的数字化规划、产线过程数字孪生和客户智造服务平台打造的问题,能够有效地提高产线生产效率,降低生产成本,缩短产线的改造和实施周期。重点介绍了面向规划设计的3D 扫描虚实重构方案、5G + VR 验证方案、产线全要素工况的虚拟调试方案,以及面向生产运维的智造数字服务平台技术、滚边质量监控系统及5G + 数字孪生等不同场景解决方案,分析了数字孪生轻量化建模的关键要素和实施路径,实现5G + 数字孪生技术在汽车、工程机械、半导体、轨道交通等行业的产业赋能和应用推广,有利于打造基于5G + 工业数字孪生的新型数字化解决方案新业态,符合国家《中国制造2025》发展

---

* 汤伟,副研究员,硕士研究生学历,毕业于合肥工业大学机械电子工程专业,安徽巨一科技股份有限公司技术中心副主任。主要研究方向包括机器人车身智能制造关键技术、汽车动力总成等核心部件智能装测技术及智能制造数字化解决方案。

规划要求，具有较大的市场空间和应用前景。

关键词： 数字孪生　建模技术　场景可视化　数据采集　虚实重构

一　背景

当下，互联网、大数据、人工智能等新一代信息技术迅速发展，让人员、设备、物料更容易被了解、被洞悉。IT 和 OT 的融合越来越受到制造企业的重视，大数据开始无处不在，对推动制造业产业链各环节从自动化向数字化、智能化转型发展起到了非常关键的作用。尤其是信息技术的飞速发展和与典型场景的融合应用，对构建工业数据的数学模型和工业大数据应用分析提供了基础支撑，也为制造业升级发展提供了新的动力源泉。数字孪生作为物理世界与虚拟世界的映射综合体，拥有数据显示、提取、可视化等得天独厚的优势，已经开始成为制造业数字化转型和数字产品展示的最佳载体，并能够实现机器、工件和组件之间全面的和点对点的数据通信。

第一，数字孪生是汽车行业资产数字化需求的必然产物。汽车制造业是离散型制造的代表，一直以来都充当着工业革命变革的先锋军，发挥着重要的引领作用，包括大规模生产、全生命周期管理和个性化定制的生产模式。在我国数字化转型的大趋势下，传统的汽车生产制造企业通过精益生产方式在流水线上生产出合格产品，已经不能满足管理者的需求，他们希望在实现实物资产的同时，也能一并建立起自身的数字化资产，以便后期催生出很多具有想象空间的业务模式。比如在外资企业中常见的 3D 规划及仿真验证、VR 建模和人机工程验证、机器人离线编程、虚拟调试系统、数字孪生系统等，都是未来制造企业数字化资产的表现形式。

第二，数字孪生是物理实体全生命周期数字化解决方案的展现形式。在制造层面，可用的大量实时数据为流程提供了新的见解，这些数据被智能地使用，为持续改进流程和显著提高生产效率提供了途径。为了发挥这些益处，需要对数据进行清晰的可视化、情景关联和高级分析，这就需要数字孪生的强大赋能。数字孪生基于物理实体的基本状态，将现实世界的物理对象及关键特征点相关参数映射到虚拟空间，虚拟环境中产品行为特征与现实环境中的行为特征完全保持一致，特征参数实时动态可视化，可用于现实世界物理实体的参数监测、复盘、预测和优化。

随着工业互联网与制造业不断融合，数字孪生技术被赋予了更强的生命力和赋能意义，工业互联网以其万物互联互通的特性，将生产活动中各种人员、设备、物料、现场环境等信息关联在一起，实现了产品产业链和全生命周期纵横两个层面的打通，这些数据都可以以数字孪生的方式映射到虚拟环境的产业链和生命周期过程中，凸显出数字孪生基于模型、数据、服务方面的优势和能力，也让工业互联网成为数字孪生走向产业数字应用的关键链。

二　数字孪生的分类

紧跟德国工业 4.0 和智能制造的发展趋势，近年来世界各国高度重视数字孪生技术的研究与应用探索。根据现实需求和发挥作用的不同，数字孪生可以分为产品数字孪生、生产过程数字孪生和场景数字孪生三类。

第一类是产品数字孪生。在产品研发的过程中，数字孪生技术可以构建产品数字化模型，对其进行仿真测试和验证。在没有数字化模型帮助的情况下，制造一件产品要经历很多次迭代设计，现在，采用了数字化模型的设计技术，就可以在虚拟的三维数字空间轻松地修改部件和产品的每一处尺寸和装配关系，这使得几何结构的验证工作和装配可行性的验证工作大为简单，大幅度减少了迭代过程中物理样机的制造次数、时间及成本。

第二类是生产过程数字孪生。在规划和生产制造时使用数字孪生技术，可以模拟设备的运转，还有参数调整带来的变化。对运行数据进行实时采集和人工智能分析，可以根据历史数据预判出待维护零部件的准确位置，也可以提供不同工位不同易损部件维护周期的参考依据，以及设备故障发送位置和故障发生概率的参考。

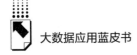

第三类是场景数字孪生。常见的是城市数字孪生和车联网数字孪生。在车联网数字孪生中，汽车通过感知系统与高清地图和周边环境感知相结合，能够自动或无人驾驶，实现真实场景数字孪生。

完整的数字孪生技术支持产品的全生命周期，涵盖产品设计、可制造性、所有车间活动、物流和使用情况。本项目重点研究汽车车身生产过程的数字孪生，通过对车身生产线整个生产流程和工厂布局进行重点环节数字化建模，实现对整个生产系统进行监控、分析，确定可以改进的领域，甚至去预测故障发生，进而对生产线进行反向优化和改进。

三　以数字孪生为载体，建立车身规划、制造方向数字化解决方案

如图 1 所示，安徽巨一科技股份有限公司数字化项目团队以汽车车身产线全生命周期数字化管理为目标，以产线全生命周期数字化管理为目标，从生产线前期规划设计、生产交付到维保服务三个不同的产线生命阶段着手，以 5G、工业物联和 AI 技术为基础，以智造过程同步协同为导向，解决面向

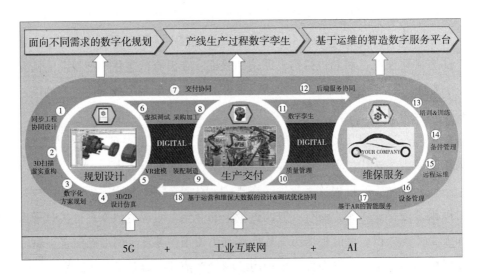

图 1　产线全生命周期数字化解决方案

不同需求的数字化规划、产线过程数字孪生和客户智造服务平台打造的问题，重点打造3D扫描虚实重构方案、5G＋VR验证方案、产线全要素工况的虚拟调试方案、智造数字服务平台技术、滚边质量监控系统及5G＋数字孪生等不同场景解决方案。

（一）基于3D扫描的虚实重构技术

针对生产线需求进行改造和新增工位的传统做法需要花费较大人力和精力进行现场测量，以便恢复建模，用于后续设计和仿真。通过采用基于3D扫描的整线重构技术彻底解决了这一问题。

以汽车行业为例，我们需要升级改造现有的老旧生产线，但产线变化较快，这个项目上的很多电子文档已经不能反映现场的真实情况了，设备安装落位有偏差，现场也新增了部分设备，图纸也没有及时更新，这个时候就需要设计人员到现场去查看、丈量、重新绘制图纸，这样的话就会比较耗时耗力，但利用3D扫描技术，就可以快速将工厂及设备建模，还原一个数字版的真实现场，如图2所示。设计人员就可以轻松进行后续的设计和仿真，改造效率可以提升30%以上。

图2 某机器人工位3D点云数据

项目实施过程中，需要集成应用3D扫描技术测量硬件、测量软件，解决3D扫描测量方案和测量方法难题，收集关键设备特征点，通过建模软件建立关键设备特征点，并形成数据模型，建立焊接及装测智能生产线测量方案和测量数据处理流程，优化点云数据处理流程和方法，最终实现对扫描数

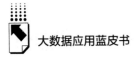

据着色、拼接、去噪、轻量化处理（如图 3 所示）。目前项目组 3D 设备关键特征点云建模数据处理应用和数据拼接误差能够控制在 ±1mm，完全满足后期数字化仿真、规划和虚拟调试的数字建模要求。

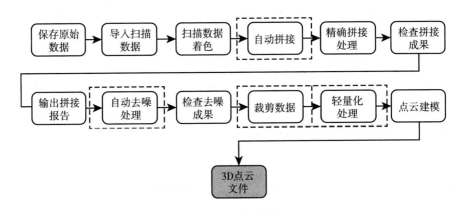

图3　3D 扫描数据处理流程

（二）VR 虚拟现实技术

　　虚拟现实作为当下一项新兴前沿技术，逐渐成为在高端智能制造领域深入应用的代表性技术，为实现智能生产线成套装备整体设计方案的最有效最直观呈现和表达，以数字化方案模型为载体，创建了基于虚拟 VR 平台1∶1设计方案的 3D-Workshop 环境。编制开发人机友好型交互程序及引导 UI，以沉浸式体验实现环境与测试人员的双向互动，进一步发掘潜在的方案细节。同时关联工艺、物流、制造、设计、专家等多群体人员组建跨区域跨部门形式的动力电池虚拟产线会议现场，共同评审 3D-Workshop 方案细节，以身临其境的感官视角为产线的设备布局、结构特征、物流输送、人机元素、安全防护等提供全新的优化校核方案。与此同时，针对半自动、手动工位等在传统设计中无法获取准确节拍的问题，设计制订节拍测评论证方案，依托 VR 虚拟环境与工艺模拟实现了节拍风险工位的逐个排查与问题工位的提前优化。并反向传递节拍数据至物流分析系统，以提升系统运营精度，使整线工艺方案的准确性、可靠性得到进一步验证（如图4、图5所示）。

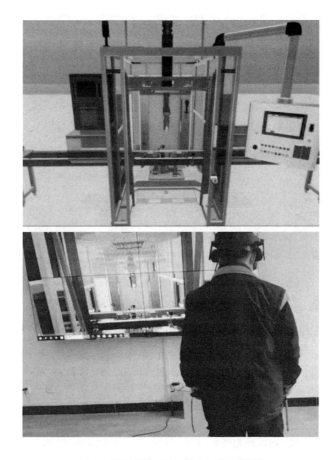

图4　单机设备人机交互与节拍模拟

与人工智能、工业互联网、5G相结合，是整个智能制造行业未来的发展趋势。将VR技术的沉浸式可视化引入生产流程的检查、远程运维和远程培训等场景中，解决了很多突破性的工作难题，包括人机工程，教学演练和模拟试生产等，打造出了一个理想的可视化智能工厂环境。

（三）虚拟调试技术

现场调试为设备投产的关键一环，而在智能设备设计过程中很难预测到生产和使用过程的潜在问题，因此为进一步提升产线调试能力、效率与准确

图 5 智能装测线虚拟现实 3D 方案评审

性，需要在虚拟调试技术的基础上对智能生产线成套装备机械、电气及控制三大系统进行整合模拟，建立数据信号驱动的动态仿真机制，开发创建具备虚拟运动特性与传感设施属性的关键设施虚拟运行环境。

通过创建虚拟调试的技术架构，在导入自动生产 PLC 程序后，即可在虚拟环境中验证自动化系统，通过虚拟调试技术，能够实现产线规划和生产过程的验证，通过驱动数据要素与真实环境下的实物生产设备关联，实现人、机、料、法、环在生产环境下的仿真、预测，进而优化人员和制造过程的工作条件（如图 6 所示）。在三维虚拟调试环境中实现 PLC 程序和人、机、物料导入验证后，再将验证过的编程控制器代码下载到车间的设备中，通过全生产要素集成，将虚拟环境转入现实环境，从而实现产线的高效调试和可靠生产。

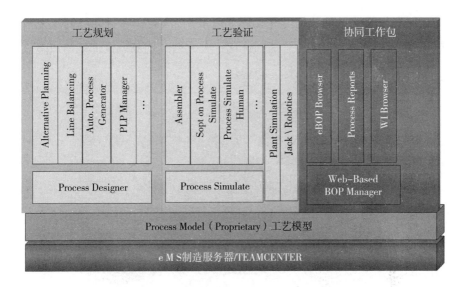

图6 虚拟调试技术架构

建立虚拟调试技术应用流程，利用虚拟样机的外部程序通信、信号监控与3D数字化驱动快速定位获取设备运行的方案缺陷，并有针对性地进行整改优化及虚拟平台的反复联调（如图7所示）。三维仿真解决了设备运转干涉和可达性问题，虚拟调试技术的应用，进一步提升了智能生产线成套装备

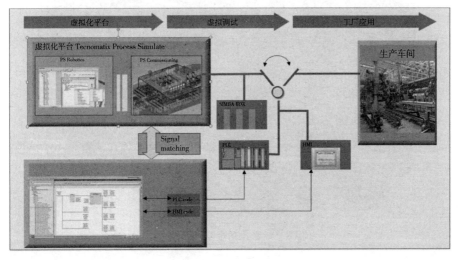

图7 虚拟调试技术应用流程

整体运转时未知问题的认知度（如图 8 所示），从而在项目装配调试之前即实现设计方案对调试程序的验证和优化，大大缩减现场调试周期与风险故障率，提升了整线的运转可靠性、稳定性。

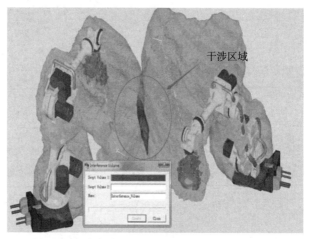

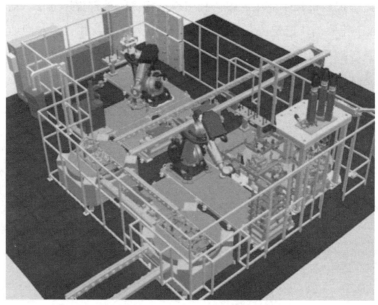

图 8 成套设备虚拟调试应用

（四）基于生产实时大数据的智造服务平台开发应用

通过对新能源汽车、工程机械、半导体行业生产现场的人、机、料、法、环等全要素进行重构，将现场采集的产品质量、生产设备、人工等工业大数据经过边缘计算处理，将设备上的各种各样信息经过传感、读码转换为计算机能读懂的数字语言，并在此基础上，基于工业互联网和目标产品的装配流程、安全法规知识、现场经验及生产工艺等，构建数字化运维服务模型；通过数据交互融合，开发智能制造数字服务 UI 平台，并通过基于 AI 算法的故障诊断和预测性维护，实现对目标产品制造过程全生命周期的描述、分析、预测、决策，为生产线赋能、赋智，指导现实工厂各项工作的精准执行，最终实现提升质量、提升效率、降低成本的目的。

数字服务平台可以基于 4G、5G 的通信方式进行无线数据传输，提升设备数据采集的柔性化程度，为客户显示直观化的关键性能指标。例如总体设备效率（OEE）、平均故障间隔时间（MTBF）、节拍均衡和产能提升等，重点解决服务平台架构和基于边缘计算的数据采集与分析问题。

1. 智造数字服务平台架构

目前行业内的系统大部分基于单体架构或为特定业务场景进行开发，随着制造行业智能装备的快速发展，制造数据量成几何级上升，单体架构已经成为制约系统性能的瓶颈，固定业务场景开发出的功能也成为创新的最大阻力。

车身生产线智造数字服务平台技术，将智能制造相关的业务组件和底层技术进行微服务化、组件化。将制造业的核心能力以数字化、组件化的形式沉淀到平台，形成以服务为中心、以数字化资产为核心的平台，极大地提升了业务系统探索和创新的速度，同时高度自治的可重用服务也明显降低了开发成本和产品的缺陷率。智造数字服务平台不仅能在私有云的环境下独立部署，而且能够部署在云端，支持动态扩容和响应海量并发。智造数字服务平台总体架构（见图9）。

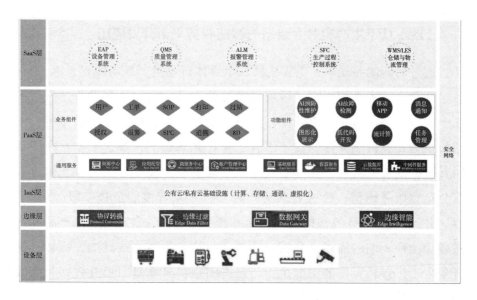

图9　智造数字服务平台总体架构

第一是边缘层。提供目标产品智能制造与服务数据接入、转换、数据预处理和边缘分析应用等功能。针对企业特殊协议设备的接入需求，形成面向边缘层协议转换能力，并基于通用协议建设边缘层设备及网络安全防护功能。

第二是基础设施层。基于企业私有云或公有云资源池能力、资源运营能力、容灾备份能力、策划基于网络物理隔离的 IaaS 云方案。支持这些资源的复用、管理和快速部署。

第三是"通用服务"层。支持对服务资源如数据库、计算资源、消息中间件的管理，实现对工艺所需服务进行快速组合，并监测基础服务的运行状态、负载压力等数据，进行系统资源利用的最优化管理。

"业务组件"层对制造平台需求进行功能的抽象与组件化，将常用业务组件如8D、工单、排班、SPC、报警、追溯等功能提炼成为业务组件，为上层行业应用提供业务支撑。

"功能组件"层将智能制造相关的特有功能，以微服务或组件形式提供给各类工艺应用，支持如 AI 预测性算法及模型，设备故障诊断和预测等功能的快速应用与应用赋能。应用层只需要直接调用即能对工艺应用进行赋能，效率较高。

第四是面向工业现场的应用层。按照制造工艺的协同业务逻辑对微服务组件进行组合，按客户需求开发功能不同的 WEB 端和工业 App。主要有如下模块。

设备管理系统（EAP）模块。该模块主要包括设备的基本信息管理（如设备台账、设备状态、设备卡维护管理）、设备的常规预防性维护保养（设备保养计划、保养执行记录、设备点检记录、设备巡检表单、设备巡检报告等）、设备的报警维修管理（设备报警统计、设备维修流程，备件管理）、设备运行状态与运行参数的采集与监控（形成设备管理报表如 MTBF、MTTF、OEE、TOP5 问题）、基于 AI 算法的设备故障诊断和预测性维护（利用设备采集的数据，当新故障发生时，系统接收到消息后，将故障参数传输给算法模型，算法模型给出原因与对策，并根据预测模型对设备的运行状态进行预测）。

质量管理系统（QMS）模块。主要涵盖功能包括对产品的质量结果通过人工或设备进行采集，提供 8D 质量控制手法，对质量问题的处理流程进行管控，提供 SPC 分析手法，对质量数据进行统计分析，提高产品质量，利用可视化分析报表形成柏拉图、旭日图、胡须图等分析结果。

报警管理系统（ALM）模块。主要涵盖功能包括接收 ANDON、设备、人工发出的报警信息并进行蜂鸣音、三色灯、大屏看板的报警提示；通过移动 App、邮件、短信等方式通知责任人进行处理；针对超时报警进行事件升级，支持根据自定义流程进行报警的升级与流转；形成报警事件的处理记录并形成知识库，为后续事件处理提供决策信息等。

生产过程控制系统（SFC）模块。主要涵盖功能包括对产品生产过程中的工序流转进行控制；提供生产作业时电子 SOP 并实时反馈操作结果；对装配产品的关键件进行追溯，记录生产的人、机、料、法、环等要素；管理生产线在制品（WIP）信息，缓冲区信息，根据系统记录分析生产节拍，返工流程的控制与管理，生产配方的下达与管理。

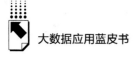

仓储与物流系统（WMS）模块。主要涵盖功能包括原材料及成品库的库存数量、库龄、安全库存等基本信息的管理；仓库的收料、出库、退还、报废的管理；监控物料所在的状态，并控制其与运输工具的绑定与解除；仓库的盘点计划以及执行，并形成盘点异常报告。

按照客户需求开发的工业 App 系统均基于平台进行开发，均具有基础数据模块，系统管理模块，并通过工业互联网和数据库进行交互，其开发流程如图 10 所示。以轻量化车身质量监控和故障诊断 App 开发为例，区别与传统钢车身成熟的热连接工艺，轻量化车身连接质量合格率和设备开动率较低。基于 SCADA 服务器，通过采集程序与工艺连接设备通信，实时采集多模态数据；通过 DMS 数据挖掘软件实现数据逻辑整合，经数据库大数据分析后确认质量算法；通过软件程序与工艺数据算法进行调试，开发出轻量化连接质量智能监控及故障诊断 App，实现连接质量和故障判定监控。

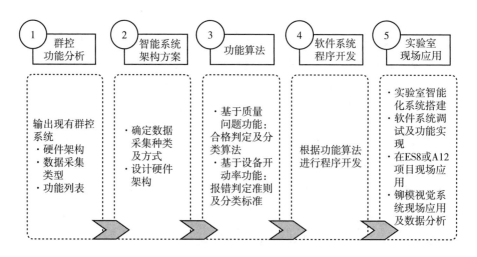

图 10　App 开发流程与实施路线

2. 基于边缘计算的无线数据采集与数据分析

在传统项目数据采集应用中，均使用硬线单独组网，统一通过群控系统将相关数据传输至上位系统，存在受硬性限制，柔性不佳。为了满足对多种设备数据的实时提取、分析的功能需求，借助于搭建的 5G 通信传输环境，充分利用 5G 实时传输、低时延的数据传输优势，通过 5G CPE 或 5G 模组经 MEC 实现网络连接，实现感知数据汇入边缘计算设备，同时将来自边缘计算设备的控制指令转发给智能终端。边缘智能计算设备以互为热备的模式提供可靠的边缘计算能力，通过多种工业通信协议与设备对接，实现设备数据的采集，感知数据边缘处理、过滤、分析，并在电脑、IPAD、手机等移动终端进行分析结果显示（如图 11 所示）。

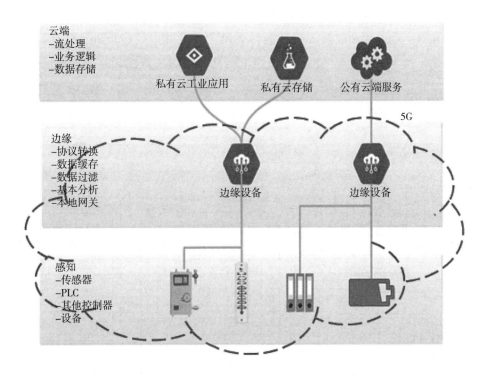

图 11　基于边缘计算的数据采集和分析流程

边缘设备通过 OPC UA、Modbus、串口、设备私有协议、MQTT 等协议方式从设备实时采集数据，并对数据进行解析、计算、分析，将结果数据通过协议保存至本地数据库，或通过消息总线通知应用系统进行处理。在特殊场景时，也可以通过工业互联网将数据推送至云端。

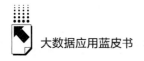

（五）数字孪生技术及系统实现

以轻量化车身制造机器人工作站为例，数字孪生技术为汽车车身制造生产线创建了虚拟空间，将工作站中的机器人、七轴、夹具工装、铆枪、安全围栏等环节和要素映射到虚拟空间中，实现互联互通，实现车身制造向制造数字服务化的延伸和价值增值。通过在虚拟空间中进行建模仿真、数据分析和生产预测，能够仿真车身制造中复杂的工艺环节，实现产品设计、制造和培训、维修保养等智能服务的闭环优化。开发的生产过程数字孪生系统，可以用来对生产过程和故障、节拍进行复盘，发掘其中的短板进行优化。同时，基于数字孪生的数字模型，通过向过程应用输入激励和物理世界信息，可以得到包括优化、预测、仿真、监控、分析等功能的输出。数字孪生建模流程如图 12 所示。

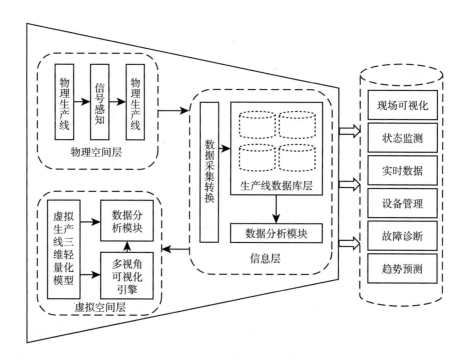

图 12　产线生产过程数字孪生建模实施流程

作为新一代信息技术与智能制造相结合的新生事物,实现车身制造数字孪生模型在汽车车身制造工艺中的应用,需要重点解决基于关键特征的车身制造过程虚实映射建模技术和基于目标特征驱动的轻量化数字建模技术难题。

1. 基于关键特征的车身制造过程虚实映射建模技术

为保证车身生产线数字孪生模型能准确映射生产全过程,结合生产线上机器人、铆枪、工装的协同和自动运转,需要在虚拟环境中建立与物理生产线相映射的生产模型和工艺模型。因此,需要重点关注梳理出来的对产品功能性能有较大影响的关键产品特征和工艺特征,结合积累的产品生产和工艺知识库,实现对车身生产线数字孪生模型的快速建模(见图13)。另外,通过车身生产线虚拟现实全过程的生产仿真,尤其是关键特征点的仿真,能够有效验证关键特征点的影响程度和作用效果,进而为产线的优化提升提供可靠的数据支撑。

车身生产线数字孪生模型具有多层次性的特点,不同层次的模型涉及物理量在制造过程中的影响也不一样。从数字孪生建模实施流程框图中可以看到,虚实转换的重点是要建立数据的采集、存储、分析和交互,进而才能在虚拟环境中驱动相关特征要素。工业互联网、数据采集、大数据、人工智能等先进技术的应用结果汇聚到信息层,进而实现产品生产过程中产生的实际参数与数字孪生模型的数据交换,这也是实施孪生的关键。

2. 基于目标特征数字驱动的轻量化建模技术

建立虚拟模型的目标是通过特征点数据分析进行监控和预测。数字孪生技术理论上可以对孪生物理对象的任何特征进行建模研究,但是大而全就意味着模型体量的无限增大,复杂的模型将会影响数据的存储、提取、处理和管理效率,而且过多的特征点数据也会造成模型建立困难。

基于目标特征数字驱动的轻量化建模技术是解决建模颗粒度问题的关键。首先,通过对生产线数字孪生工程应用需求的梳理,明确建立车身生产线数字孪生模型的具体研究目标,通过目标反向追溯,梳理出对既定研究目标有影响的所有要素,并聚焦关键要素特征点;其次,通过研究分析,将相关要素按影响大小进行排序，排除影响较小甚至没有影响的因素，重点关注影响较大的因素，并选取其特征点作为建模对象，通过设定建模的角度、坐标位置、关键物理量关联关系以及细分层次构建模型框架，实现建模过程的轻量化，提升数字化建模的效率。

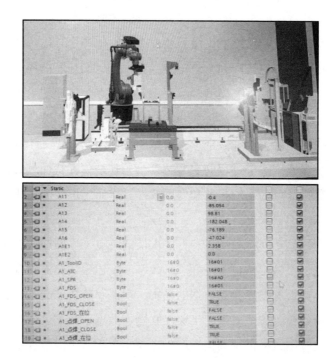

图13　车身生产线轻量化数字建模及关键特征参数配置

车身生产线数字孪生系统实现了虚拟环境与物理实体的同步运行、信息显示、故障提示、运行状态回放和展示体验功能，如图14所示。主要包括：

第一，虚实同步。3D资源导入是通过建模或解析出设备自带3D工业模型，在系统中构建离散的数字孪生体，拆分数据节点待映射；可视化编辑是可视化资源＋IOT数据、知识数据、结构数据、位置数据的绑定；图形界面式编辑快速建立数字孪生场景及标准化流程。

现场设备数据驱动仿真环境运动，实时反应设备及产线状态，延时不超过0.5s（包括机器人动作、焊枪动作、汽缸动作、夹具移动和切换、滑橇和滚床动作,以及车身的位置状态),支持 3D 自由视角切入、细节缩放查看,具备焊接、涂胶胶体参数显示等功能。

第二,设备状态信息展示和故障诊断。将工位和设备的属性、状态信息映射到虚拟设备上,实时显示当前生产数据;根据报警和故障信息快速定位故障设备和位置,高亮闪烁提示,提高响应和处理速度,能够分工位级数据和单体设备数据,具备显示隐藏切换按钮。

第三,数据状态回放,故障回溯。具备直播模式和回看模式,根据 IOT 平台存储的工位历史状态数据,可重现工位历史生产状态,进行故障复盘,原因分析和确定。

第四,运行展示和生产体验。实现在线及展示大厅的同步运行画面,可进行画面 3D 操作,自由视角查看和缩放,为员工提供虚拟工位运行、设备运行参数培训。

图 14　轻量化车身工作站虚实映射的数字孪生系统

四　总结

数字孪生技术以现实世界的数字形式为管理团队提供了可以从产品物理检查中获得的所有数据,为了执行生产,它监视、分析和控制生产的各个方

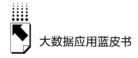

面。制造数字孪生提供了一定程度的可见性，可以清楚地了解车间中正在发生的事情。这是了解问题和改进空间在哪里以及如何更好地优化生产的窗口。数字孪生技术提供了一个平台，可以为未来更大的业务敏捷性、成长性和创新性提供机会。

项目以汽车车身制造数字孪生为目标，对生产过程管理带来了许多好处。它可以提供整个工厂的完整可见性，从而对性能有更大的信心；它提供的有关流程的视图清晰地说明了哪里需要关注以及哪里可以进行连续的流程改进；它可以实时分配智能资源，并基于完整、实时的数据为虚拟和增强现实等技术提供基础。

通过数字孪生技术，项目效率能够有效提高20%以上，降低人工成本30%以上；它通过严格控制过程步骤来提高质量和合规性，并提供一定程度的灵活性，可以更快地响应市场需求并缩短新产品推出的时间；它可以映射制造过程，提高可视性，控制和记录过程，以实现更大的生产优化。

未来，项目组将在车身数字孪生系统应用基础上深化数据分析功能，从数据中挖掘应用效果，并在此基础上进一步深化智能场景开发及示范应用，实现5G+智能制造更多的场景方案验证，通过创新中心的引领和客户直观性体验，促进5G+智能制造技术在汽车、工程机械、半导体、轨道交通等行业的产业赋能和应用推广，打造项目组基于5G+智能制造的新型生态圈。

B.6
工业大数据创新助力企业智能制造转型升级

陈录城 张维杰 孙 明 张成龙 甘 翔*

摘　要：　工业大数据正在引发新一轮的技术革命，在生产过程中，新型的工业智能化是从杂乱无序的大数据中挖掘内在价值，改善工艺，提高质量。海尔自主研发的全球首家引入用户全流程参与体验的工业互联网平台卡奥斯（COSMOPlat），基于平台技术资源，利用工业大数据来推动企业制造和管理，协同内外资源，推动业务模式的变革，颠覆传统生产方式，实现工业生产的精益化、数字化、智能化，助力企业智能制造转型升级。

关键词：　工业大数据　数据分析　智能制造　数据价值

* 陈录城，现任海尔卡奥斯物联生态科技有限公司董事长，北京大学工商管理硕士，正高级工程师，国家智能制造专家咨询委员会委员、国家两化融合管理体系领导小组成员、国家工业互联网产业联盟副理事长，主要研究领域为工业互联网、智能制造等；张维杰，高级工程师，现任海尔智家生态平台智能制造总经理、海尔工业智能研究院院长、国家家电业智能制造创新战略联盟（IMSA）专家委员会副主任、全国工业过程测量控制和自动化标准化委员会委员，在供应链、工业互联网、智能制造等领域拥有超过25年的实践经验；孙明，现任海尔工业智能研究院执行院长，有超过20年的海尔质量管理实践经验，牵头卡奥斯大规模定制模式工作；张成龙，高级工程师，现任海尔工业智能研究院大数据应用创新总监，长期从事工业大数据应用领域技术研究；甘翔，工程师，现任海尔卡奥斯物联生态科技有限公司品牌战略创新高级经理，主要研究领域为工业互联网、智能制造等。

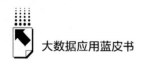

一 工业大数据行业现状及发展趋势

工业大数据即工业数据的总和,其来源主要包括企业信息化数据、工业互联网数据、"跨界"数据[①]。

工业互联网的应用会产生大数据。物联网(Internet of things)是新一代信息技术的重要组成部分,解决了物与物、人与物、人与人之间的互联。对工业生产而言,人与机器、机器与机器的交互,催生了从信息传送到信息感知再到面向分析处理的应用。工业生产过程中产生了各种信息,先将这些信息传送到大数据平台,利用大数据平台的智能分析决策得出信息处理结果,再通过互联网等信息通信网络将这些数据信息传递到四面八方,而在互联网终端的设备利用传感网等设施接收信息并进行有用的信息提取,得到自己想要的数据结果。例如工业设备、汽车、电表上有着无数的数码传感器,随时测量和传递有关位置、运动、震动、温度、湿度乃至空气中化学物质的变化等,也产生了海量的数据信息,这些工业生产过程中产生的数据主要组成了工业大数据。工业互联网中,各个企业对工业大数据都有着不同的解读。但普遍认为,工业大数据有着4"V"特征,即容量大(Volume)、种类多(Variety)、速度快(Velocity)及价值密度低(Value)。

工业互联网时代,工业大数据管理不仅仅是数据存储架构的变革,更是大数据思维方式的转变升级,用好数据也是企业数字化转型的关键。现代工业是信息化、数字化的工业,随着互联网、物联网和云计算技术的迅猛发展,以 MES,ERP,WMS 等为代表的系统数据覆盖了工业生产的全流程。与此同时,数据成为一种新的自然资源,亟待对其加以合理、高效、充分的利用,使之能够给工业生产、工艺精进带来更大的效益和价值。在这种背景下,数据的数量不仅以指数形式递增,数据的结构也

---

① 王建民:《工业大数据技术综述》,《大数据》2017 年第 3 期。

越来越趋于复杂化，这就赋予了"大数据"不同于以往普通"数据"更加深层的内涵。

随着数字化浪潮在工业领域的渗透，数据成为工业领域新的"生产资料"。根据 IDC 数据显示，2019 年全球数据量达到 42ZB，预计 2022 年将达到 163ZB，复合增速为 57%（见图 1）。大数据急速膨胀不断在各个领域催生新的应用生态，工业数据在工业领域的应用场景也不断增加，工业领域将成为下一个蓝海。随着我国工业自动化、信息化水平的不断提升，数据市场也在快速增长。根据赛迪顾问数据显示，2019 年我国工业大数据市场达到 146.9 亿元，预计未来保持 30% 以上的高增长（见图 2）。工业数据涵盖企业运营、产品生产、工艺流程、市场销售等多个环节的信息，深度挖掘将大幅提升生产效率、降低生产成本，已经成为当前智能制造新的"生产资料"①。

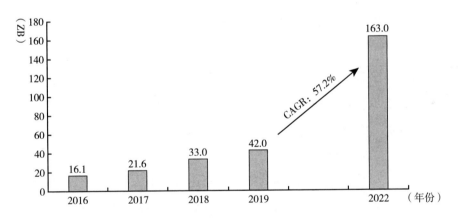

图 1　2016~2022 年全球大数据量增长趋势②

资料来源：IDC、国信证券经济研究所整理。

---

① 熊莉等：《国信证券 – 数字浪潮系列之工业智能化：大数据和 AI 赋能》，《工业互联铺强国之路》2021 年 1 月 26 日。

② 熊莉等：《国信证券 – 数字浪潮系列之工业智能化：大数据和 AI 赋能》，《工业互联铺强国之路》2021 年 1 月 26 日。

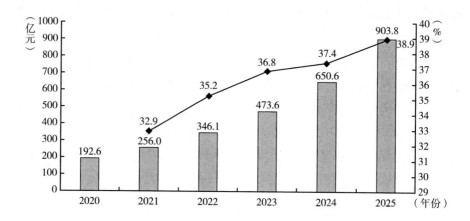

图 2　2020~2025 年我国工业大数据市场规模发展趋势

资料来源：赛迪顾问、国信证券经济研究所整理。

二　卡奥斯在工业大数据技术领域的探索

家电行业是中国在国际市场上少数几个有定价权的行业，随着家电行业的发展逐步呈现出以下几方面特点：产业结构迅速升级；研制投入加快，企业自主创新能力大幅提高；运营模式不断创新，线上渠道快速增长；制造技术加速升级；家电智能化趋势明显。海尔在家电行业的发展趋势中看到了发展的机遇：国际老牌家电企业纷纷退出家电业；消费升级使得人们对家电产品的档次、功能、品质有更高的需求；消费者有新的产品需求，未来更多的新品类家电将会进入消费者的家庭。看到机遇的同时也面临着诸多挑战：家电增量市场有限，产业发展及经营模式亟待转型升级；互联网＋时代，家电企业需要应对新技术、新商业模式带来的方方面面影响；与国际一流企业相比，国内家电企业中低端产品产能过剩，高端产品竞争力不足。

海尔作为中国最早一批探索工业互联网的企业，自 2012 年起就开始了智能制造转型的探索实践，从大规模制造向大规模定制转型。通过平台并联构建起全流程数字化互联工厂体系，涵盖研发、采购、制造、物流、销售、服务等全流程，从用户视角出发，推动上下游企业和用户平台交互，联动各方资源参与实现大规模定制。

在制造方面，为了提高制造系统化建设、数据的管理水平和质量、制造的标准化和数智化，打造了智能制造平台，将模块化、自动化和信息化高度融合，实现了以生产信息化管理系统为核心的 ERP、PLM、工业控制、物流系统的五大系统整合，打通数据流，从而做到人、机、物、单等数据的互联互通和对工厂的实时监控预警。智能工厂采用智慧排产、智能生产等模式，以上万的传感器实现设备间对话，使得大规模制造实现生产的柔性化，为快速响应定制化奠定基础。

（一）卡奥斯（COSMOPLat）平台概述

在实现大规模定制的过程中，海尔率先在全流程、全价值链、全生命周期引入用户体验，颠覆和改造传统的工业体系，真正实现高精度驱动下的高效率。2017 年，海尔在自身智能制造和平台建设的基础上推出了具有中国自主知识产权的工业互联网平台——卡奥斯，"卡奥斯"取名于古希腊的混沌之神，是第三代神宙斯之前的原始神，象征着在混沌中创造新生。卡奥斯平台的核心是大规模定制模式，通过持续与用户交互，将硬件体验变为场景体验，将用户由被动的购买者变为参与者、创造者，将企业由原来的以自我为中心变成以用户为中心。

卡奥斯平台建设的目标是要实现创造价值、分享价值，卡奥斯构建了领先的平台架构，在实践探索中，卡奥斯积极创新打造了"Baas 操作系统"，即"商业即服务"（Business as a Service）和"最佳实践即服务"（Best Practice as a Service），以 BaaS 为引擎，包含海尔的互联工厂、大规模定制模式等，把它软化成模型、图谱、数字孪生的知识体系，放在这个引擎上，向下连接人、连接设备、连接产品，向上连接各行各业的应用，通过 BaaS 引擎创造价值，向下传递价值，向上分享价值，和企业共同成长，共同发展（见图 3）。

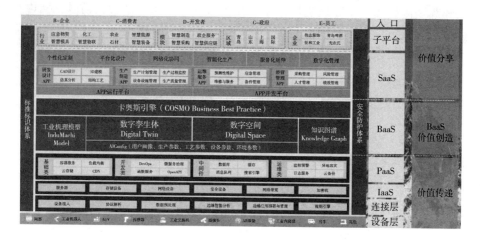

图3 卡奥斯平台架构

卡奥斯平台核心能力主要体现为六力，即数据力、仿真力、定制力、开源力、安全力、生态力。其中数据力，就是指平台通过传感器收集数据，协同边缘层、IOT 平台对数据进行实时计算、时序储存等一系列操作，构建起实时的工业大数据、小数据和数据流，进而在多个场景进行有效应用。

（二）卡奥斯数据湖平台

在卡奥斯平台能力的基础之上，构建了针对工业大数据管理的数据湖底座，对于实时的工业大数据、各类数据流进行捕捉、提炼、储存和探索应用，挖掘数据本身的价值，驱动智能制造向高处发展并创造新的数据价值。

数据湖（Data Lake）是一个以原始格式存储数据的存储库或系统，它按原样存储数据，而无须事先对数据进行结构化处理。数据湖实际上是一种利用低成本技术来捕捉、提炼、储存和探索大规模的长期原始数据的方法与技术实现。数据湖并不是一个纯技术概念，而是数据管理的一种方法论。数据湖可以接入多元化的数据格式，存储成本低；通过精细化规范体系建设，可以避免数据湖沦为数据沼泽；可以便捷地构建数据仓库进行数据分析和计算，支持工业制造中多元化功能的需求；采用松耦合数据架构更易于发掘工业数据本身的潜在价值。

如图 4 所示，卡奥斯数据湖架构主要由三部分组成：数据采集（实时获取）、数据管理（存储分析）和数据应用。平台包括五大模块：数据同步管理、数据链路监控、用户角色管理、数据权限管理和数据资产管理。

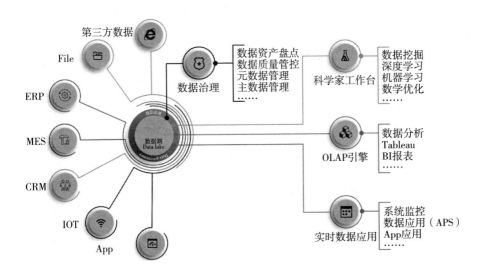

图4　卡奥斯数据湖平台总揽

数据湖针对企业的属性可以采集不同种类的数据，包括企业数字化系统数据、客户订单数据、生产数据、产品数据、App 数据、企业文件和相关政策数据等。这基本囊括了企业的所有数据，平台可以管理数据库中 Schema 下的所有表，包括各表的数据日同步情况，各表结构同步，各表的权限、加密及脱敏处理。通过卡奥斯自主研发的数据同步链路 Data Link，可以完成异构数据库数据实时同步到卡奥斯数据湖的工作。它能够支持多种数据库，直接读取数据库日志文件，实现秒级数据延时，同时支持局域网和广域网数据同步，强数据一致性校验，并具有传输加密功能。数据湖与各系统数据库数据实时交互，这是卡奥斯数据湖与其他平台相比所具有的优势和创新。通过定义大数据在数据湖内的存储格式使其支持异构数据实时融合，支持每秒百万级数据接入，万亿次数据秒级查询，这样在数据应用中不仅可以进行数据分析和报表，对于工业数据来讲也可以做一些重要的应用，例如设备实时监控和预警。这对于在智能制造过程中，确保数据互通和同步节拍，起到了非常关键的作用。当表数据同步到数据湖后，平台会对每一条数据链接进行监控，形成统计图、走势图，并监控链路进程状态。同时对用户的角色进行管理，包括管理员权限、用户权限等，并可以新增、编辑或删除用户。针对平台上每一份数据，都有其管理功能的权限，可以增加或减少数据所开放的权限。平台具备基于机器学习的数据治理系统，可以管理数据湖平台上的所有数据资产，并做分类，便于数据的使用。平台匹配标准 SQL 接口，可以灵活的接入第三方生态和产品应用，满足企业在业务和生产中的需求。

三　工业大数据应用驱动智能制造

工业大数据是指在工业领域中，围绕典型智能制造模式，从客户需求到销售、制造、供应、交付等整个产品全生命周期各个环节所产生的各类数据及相关技术和应用的总称。工业大数据以生产数据为核心，极大延展了传统工业数据范围，同时还包括工业大数据相关技术和应用。

智能制造是工业大数据的载体和产生来源，其各环节信息化、自动化系统所产生的数据构成了工业大数据的主体。另外，智能制造又是工业大数据形成的数据产品最终的应用场景和目标。工业大数据描述了智能制造各生产阶段的真实情况，为人类读懂、分析和优化制造提供了宝贵的数据资源，是实现智能制造的智能来源。工业大数据、人工智能模型和机理模型的结合，可有效提升数据的利用价值，是实现更高阶的智能制造的关键技术之一。

基于卡奥斯数据平台优势技术资源，利用工业大数据技术来推动企业制造和管理，可以实现工业生产的精益化、数字化、智能化，助力企业智能制造转型升级。卡奥斯数据平台通过采集融合家电制造过程的生产系统数据、质检数据和工艺过程参数，展开工业大数据建模分析，根据知识图谱进行关联性深度挖掘分析，形成数据闭环，实现工业大数据在家电制造中的全流程应用。目前针对家电行业的大规模定制、质量检测和工艺优化等方面，融合大数据的创新技术进行了测试和应用。

（一）工业大数据在基于柔性制造的大规模定制场景中的应用

卡奥斯平台基于"5G＋工业互联网＋大数据"技术，支撑海尔从大规模制造向大规模定制转型。它前联研发、后联用户，依托工厂数万个传感器，实现人员、设备、物料与产品实时的智能交互，产生的数据与研发中心和实验室互联，打通整个生态价值链，实现用户需求与制造体系的无缝对接。

以海尔中德滚筒互联工厂为例，它是目前全球规模最大、柔性最高的滚筒洗衣机模块化制造基地，具备400余种型号产品的制造能力，可根据用户需求实现大规模定制生产。卡奥斯的数据湖平台与所有的生产IT系统实现了数据互通，并与这些系统保持数据的实时互通。例如，某个用户对洗衣机有定制化的需求，他通过App从手机上下单，可以选择喜欢的颜色、大小、单双门、激光打印图案等可定制化的产品属性，订单信息同步实时传到数据湖平台，平台会实时对接CRM系统和物料系统，并交互生成订单信息和物料清单，然后基于用户对于产品的定制需求和交付需求，对整个IT系统进行数据查询和分析，即时匹配物料、采购、运输物流、人员占用、排产、库存、交付物流等信息，形成一个合理的排产计划并通过IT系统向各个环节下达指令，按用户需求提供精准服务。通过数据湖平台对整个系统数据进行收集、分析和管理，整个过程中，数据实时对接无延时，使海尔工厂在制品库存减少40%，原料库存堆积减少30%，成品库存的天数下降了60%，制造周期缩短了30%（见图5）。

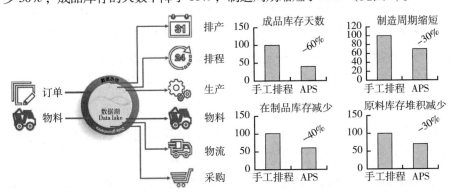

图5　工业大数据在基于柔性制造的大规模定制场景中的应用

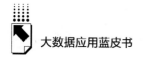

（二）工业大数据在产品视觉检测场景中的应用

在传统家电的生产过程中，外观检测工位是瓶颈工位，一方面，人力成本较高，员工劳动强度大，但是检出率仅为92％，效率并不是很高，产生的漏检市场有不良反应。另一方面，人工检测受人工经验和主观因素影响大，在整个生产流程的标准化和自动化上会产生断层，影响整体的生产质量和效率。

在对现场问题进行调研分析后，海尔智研院基于卡奥斯数据平台打造了机器视觉检测解决方案，以数据湖平台为数据底座，选取机器视觉作为上层应用，形成生产端到平台端的整体解决方案。机器视觉自动检测方案能够通过适当的光源和图像传感器在线、高速扫描每个产品，形成高分辨率的片材图像，将图像数据实时传送数据平台，利用相应的图像处理算法提取图像的特征信息进行分析判断和实时的图像处理，精确捕捉各种表面缺陷，实时反馈生产端，对质量缺陷进行在线报警，有效提高缺陷检测准确率，并且防止伪缺陷带来的干扰。同时将外观图像数据沉淀在数据平台建立图像数据库，进行质检图像的存储、分析、建模，实现报表统计、质量大数据分析、模型训练，最终达成实时控制报警和算法自优化。该方案通过对合格产品智能学习的方法对冰箱外观进行在线质量检测，检测内容包括印刷品、门体不平不齐、外观不够精细化等问题，有效提高了冰箱产品的生产质量及效率。

如图6所示，冰箱门体表面视觉检测场景中，在冰箱进入检测工位后同步完成对冰箱一维码的扫描识别，通过识别的前11位编码确定待检测冰箱的型号，调取待检冰箱的检测配置。依照检测配置，搭载低角度光源＋穿顶光源和高清工业相机的工业机器人对待检冰箱指定位置按照顺序进行图像采集。随后将图像实时传送至数据平台，按照各型号产品配置的标准数据，通过图像去噪、图像增强与复原、图像分割及OCR识别等技术进行数据分析，通过平台的算法对产品上长度＞1mm宽度＞0.3mm的划伤划痕、长宽＞1mm深度＞0.8mm的面板凹凸、显示屏细节和印刷品一致性等进行实时识别、测量和检测。检测结果即时反馈回产线端，在大屏幕上显示，并有声光告警提示。同时，系统联动产线分离不良产品至返修线，至此完成表面不良品的检测闭环。

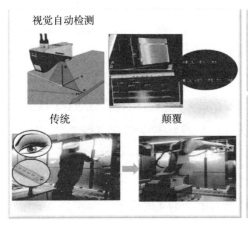

视觉自动检测

传统　　　颠覆

概况
采用机器视觉帮助生产线实现检查、测量和自动识别、引导等功能，以提高效率并降低成本，从而实现生产效益最大化。
（范围：印刷品、门体不平不齐、外观精细化)

价值
➤高效率：自动检测18s/台，代替人工

➤高质量：检出率99.5%

➤信息互联：不良信息可视化，与MES/SPC系统及线体互联不合格不下线

图6　工业大数据应用于产品视觉检测

该方案既解决了人工质检产生的成本效率和标准化问题，也沉淀和挖掘了质量大数据的应用价值，反哺提升了机器视觉算法的优化。采用外观视觉自动检测技术后，代替人工自动检测效率提升50%以上，检出率≥99.5%，不良信息可视化，不合格产品不下线，不仅提高了生产质量和效率，还提升了用户满意度。

（三）工业大数据在产品异音检测场景中的应用

经过调研，在制造业异音质量检测环节中，部分行业智能检测设备的检测准确率不高，目前主要还是依赖人工检测。人工检验设备异音有着明显的缺点：一是工厂的人员流动性大，异音检测环节依赖技术工人的主观经验判断，不可传承；二是人工检测靠听觉进行检测，长时间工作容易疲劳，造成检测准确率下降等；三是每个人对异音频段敏感程度不同，质检人员无法对所有异音进行识别，容易造成漏检、误检等问题。从总体来看会产生三大难题，首先，依赖人员进行异音监测，容易存在大量的漏检、误检问题，导致异音检测准确率低；其次，依赖人工检测，无法实现对异音源的实时识别、

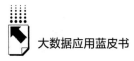

显示，无法追溯、分析异音产生的根本原因，无法获取基础数据实现产品设计优化；再次，以现有的智能化异音检测方式，无法覆盖家电行业产品多品类检测，通用性与复制性不高，开发与部署周期长、成本高。

针对异音检测的痛点难题进行长期研究后，海尔智研院借助卡奥斯的数据平台研发了基于大数据技术的线异音检测解决方案。在生产终端安装了声音振动采集设备，在生产端，安装了采集卡、麦克风、声学相机、加速度传感器等。通过5G、Wi-Fi等方式完成数据的高速率传输，实现数据的实时采集，将采集的数据接入卡奥斯数据平台，并将数据存储在数据平台。随后，平台通过整合工业大数据统计分析各类异音数据的特征分布、波形、频谱等信息，建立家电产品声纹库，融合声纹、振动、温度、电流、电压、转速等采集的数据进行综合分析，将异常数据与生产端实时交互，实现品质异常报警，利用AI技术打造异音检测系统并持续迭代优化，实现产品异音精准检测、精准定位。

如图7所示，通过收集家电异音数据，进行数据分析、数据挖掘、重新建模，形成标准化声纹库信息。利用声纹识别与深度学习技术，为家电产品检测装上最灵敏的"耳朵"，对家电异音进行在线质量检测，将质量问题拦截在工厂内。

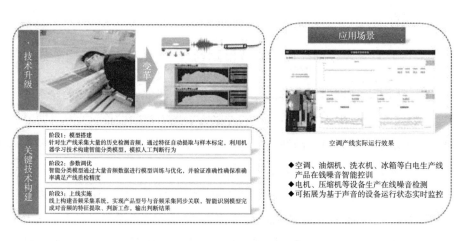

图7　工业大数据应用于异音检测

以空调内机生产线的异音检测场景为例，首先，空调内机在生产线的静音房内通过高保真麦克风进行异音数据采集，通过麦克风阵列、声学相机进行异音源的定位，完成声音数据的全方位采集，提升数据的全面性；通过5G、Wi-Fi 6等无线加有线的方式完成各类数据的高速率传输；异音数据实时传输并存储在卡奥斯数据平台，实现大数据的分布式存储管理和快速分析处理。其次，在数据平台对存储的海量数据进行聚类分析，从生产工艺、制造流程等方面对质量数据进行深度挖掘，对冗余数据采用数据清洗算法简化数据构成，提高计算效率；对异音数据进行数据标注，标定异常声音。再次，完成数据的处理以后，搭建算法模型，通过定向声增强算法、异音源定位算法实现对异音源的定位及增强，过滤部分产线的环境噪音，提高识别率。最后，利用数据平台的算法模型对产线实时传输的设备声纹进行过滤，在线检出异音不良品，拦截异音设备。同时，平台通过不断输入的设备数据，对算法模型进行反馈优化，不断提升异音识别算法的准确率，将数据平台的算法应用开放给不同的制造工厂或部署到工厂边缘端满足不同的使用需求。

经过异音检测算法平台的实时检测，替代人工检测，检测准确率提升6%，产品不良率降低20%，生产线质检人员减少40%。能够有效检出异音产品，数据实时存储可追溯，快速确定问题点；实时在线检测，完全匹配生产节拍，大幅度提高了异音检测效率，实现了产品异音实时在线检测、异音源识别、音品质分析、质量数据可追溯、工艺诊断与优化等。

（四）工业大数据在智能作业感知场景中的应用

随着市场环境的日益严峻，大部分企业通过数字化手段降本增效，但是部分制造业企业在数字化和降本增效方面都缺乏管理；加之有的中小型企业精益管理及数字化转型的观念落后，行业实施路径不清晰效果不佳；另外智能制造核心技术发展中也存在数据采集、分析和管理的瓶颈，比如在人、机、料、法、环、测全要素数据采集、分析中，与人相关的要素数据是缺失的。针对制造业普遍面临的问题和短板，基于卡奥斯的数据湖基座，海尔智研院打造了基于数字孪生技术的工业智能作业感知应用平台，为制造业企业全面提升精益生产管理提供数字化、信息化、智能化的解决方案来赋能供给侧发展。

工业智能作业感知平台注重以人为本，利用工业大数据和数字孪生技术，聚焦现代化工厂人员作业精益化管理。通过采用计算机视觉技术，识别生产作业人员体态骨骼关节点以及面部特征，对生产线的岗位进行动作数据的标准化和识别采集；结合人工智能深度学习，在数据平台上训练作业动作识别模型，提高识别精度，进而达到实时化、连续化、智能化、自动化识别，采集人工作业生产的全过程；通过数据湖平台持续获取数据进行分析，传感器提取与多个产业、多条产线、多种岗位、多组人员的作业动作相关的数据进行大数据分析，包括产品数据、物料数据、工序数据、动作数据、工时数据，等等，进而推算出产能、生产效率、生产线平衡、定位瓶颈工站、品质缺口等；可以得到精益生产相关的工序－动作－工时数据库以及场景算法库等数据。在工厂的数字模型中依据采集到的人员体态特征，对应建立人的数字孪生模型，借助数据湖实时数据交互可以把物理端实际生产中的人员作业动作数据向数字端孪生的人员模型进行同步映射，并且经过平台的数据分析处理，将实时优化的方案指令实时传输给物理端提供实时监控或提醒反馈。比如，在生产效率显示较低时，进行产线人员的作业积极性提醒；生产线平衡不稳定时，及时定位瓶颈工站，进行 SOP 优化方案推荐，在产线人员工作效率稳定性降低时，通过自动推送岗位调整方案进行生产效率的优化；在产线人员因未完成 SOP 标准动作而出现品质隐患时，可进行紧急提醒等，进而实时、动态地促进生产效率以及产品质量的提升。通过物理端与数字平台的互通互补，达到精益生产的效率、品质可视化、可量化、可优化的良性循环，进一步通过数字端的孪生数据分析来预测物理端的未来产能，或者将物理端的生产需求放入孪生端进行生产周期预测。

如图 8 所示，在滚筒洗衣机生产线放置印刷品的生产场景中，该生产工位的作业人员需要完成标准作业流程的顺序步骤，终端视频会对人员实时作业执行情况进行工序监测，预警产品质量隐患。第一步，在生产线的上方安装高清摄像头，根据滚筒洗衣机的机型以及放置印刷品工序的标准作业流程拍摄作业人员操作的母本动作视频流，随后由终端把数据实时传入数据湖平台；第二步，利用计算机视觉技术，识别视频流中生产作业人员体态骨骼关节点以及面部特征和其他相关对象，结合深度学习，训练作业动作模型，训练后的模型进行封装测试，作为标准作业流程的母本模型，将算法模型沉淀在数据平台；第三步，算法将生产人员现场作业步骤的实时数据与标准流程数据进行监控对比，甄别实时作业人员在放置流程中的执行情况，把对比后的结果进行数据实时推送，对执行动作不标准的情况进行记录，对工序遗漏动作以及工序顺序错误的情况进行实时预警推送。使系统能够实时化、连续化、智能化、自动化识别、记录产品质量隐患情况。

图8　工业大数据应用于智能作业感知

这种通过数据平台与采集终端进行实时数据交互、智能分析、实时监控的管理，可以识别人体骨骼特征点、人脸面部特征以及人体特征，对整个工厂所有生产线的生产作业人员动作、状态、位置进行孪生分析，为精益管理提供优化方案，从而达到减少人工作业动作浪费，预警动作异常、工时异常以及风险工况，有效提升生产效率，改善产品品质追溯，协调人岗技能匹配和危险事件预警。通过完善工业领域人员作业生产要素数据采集、分析、管理，建立工业智能作业感知大数据库，为企业精益生产管理以及其他行业提供数据、算法服务，助力现代化智慧工厂精益管理。同时为数据平台沉淀丰富的工业数据。场景库、工时库、算法库、工艺库为精益生产管理提供了庞大的数据支撑和新的数据增值点，实现了从传统的人工管理方式到全新、高效、可靠的标准化数据管理模式的转变，为制造业提供了数字化、信息化、智能化的精益管理整体解决方案。人工智能与数字孪生技术的结合，实现了制造业精益生产管理的技术变革，为制造业产业效率提升、品质优化全面赋能。

四　结束语

从上述工业大数据在智能制造领域的应用案例可以看出，工业大数据已转变成一个重要的生产要素，它是提升工业生产效率、降低劳动成本投入、提升工业生产自动化和标准化的必要手段。结合目前制造企业对数字化加工设备和自动化生产设备的使用以及对工业互联网的应用，海尔打造了全球领先的工业互联网平台卡奥斯，让用户参与全流程，打通了从原料供应、生产系统到市场经营系统等整个产品生命周期的数据流，从而统筹和优化工业领域各项资源配置。同时，通过感知控制能力和对工业数据的分析，利用全流程的数据建模，使工业数据不仅仅通过优化现有的业务来驱动智能制造，而且在技术实践应用的基础上逐步释放工业数据的价值，实现工业应用的创新、数据服务的创新和价值模式的创新，满足制造业的转型和中国工业不断创新发展的需求，加速把我国建设成工业制造强国，全面提升我国工业在全球的竞争力。

案 例 篇
Cases

标准化大数据在制造业中的应用

花如中 范 鹏 丁陈*

摘　要： 随着全球制造业竞争的加剧，德国推出了工业4.0计划，中国
也制定了《中国制造2025》发展战略，以促进中国先进制造
业的发展。其中，标准化是一个重点领域，也是关键因素。
新时期标准化应用效果的好坏，关系到国内制造业企业能否
实现企业转型、升级、引领行业发展，对我国先进制造业的
未来发展与数字化转型具有重大战略意义。在传统的企业标
准化活动中，缺乏对大数据、云计算、人工智能等新一代信
息技术的应用，标准化实施落地成本高，效率低，效益差，

---

* 花如中，中国计量大学企业导师，拥有十余年标准与信息化管理经验，润申标准化技术服
务（上海）有限公司总经理，上海市标准化协会信息专委会专家委员，上海市杨浦区质量
与标准化协会副会长；范鹏，天津大学工学学士，天津大学计算机硕士，润申标准化技术
服务（上海）有限公司首席技术官；丁陈，润申标准化技术服务（上海）有限公司技术顾
问，中国科学技术大学学士，美国凯斯西储大学（Case Western Reserve University）硕士，
中国大数据专家委员会委员，中国管理科学学会大数据专委会委员，国家"大数据治国战
略"研究员。

造成很多制造型企业对标准化投入意愿低、标准化工作名存实亡等问题。标准化大数据平台的提出,旨在通过标准化全过程数字化技术和全生命周期闭环管理的方式降低成本,为标准化活动提供落地支撑,让企业的标准化活动不再障碍重重。企业从而高效、便捷地建立起高质量的标准体系,充分发挥标准引领和规范的作用,达到高标准引领高质量的效果。

关键词: 标准化大数据 标准化 制造业 数字化转型

一 背景

标准是经济活动和社会发展的技术支撑,是科技创新的基础性保障,是科学技术和实践经验的提炼总结,是集体智慧的结晶。标准化大数据是各级各类标准制定、实施、监督、服务过程中产生数据的集合,是各行业领域重要的基础性战略资源。[①] 尤其在制造业,从产品的研发、生产、销售到售后服务,都离不开标准。标准是判断一个产品质量好坏的依据,是高质量生产的基础。

虽然标准如此重要,但在制造业实际的运行体制中,却没有发挥出标准应有的引领性、创新性、统一性与保障性作用,甚至沦为一种摆设,聊胜于无。究其原因,除了最高管理者不够重视,没有意识到标准的投入能带来的价值之外,标准本身没有实现数字化、数据化和标准化实现模式落后也是重要原因。

---

① 山东省市场监督管理局:《山东省发布关于促进标准化大数据发展的指导意见》,山东省市场监督管理局网, http://amr. shandong. gov. cn/art/2021/6/3/art_ 76510_ 10289186. html? xxgkhide = 1。

传统的标准，无论是纸质的，还是电子的，都是以文本形式表达的，是一种自然语言的记录。标准的执行，也就是标准化的过程，均需要以人为主、依靠人的行为进行。这就意味着如果是在系统复杂、高度综合化、集成化、协作面广、管理维度与层级多的情况下，标准化的成本就比较高，比如飞机、高铁、汽车、船舶的制造等领域。在这种情况下，除非是有一定规模的大型企业，因为质量、安全等刚性要求必须重视标准化以外，其他中小型企业对标准化就不会很重视。

　　而标准的数字化表达可以将标准从可阅读的层面提升到可执行的层面。以机器可以执行的数据与算法、程序来进行标准化控制，将极大地提高标准化效率，降低企业标准化的成本，提升制造业企业加大标准化建设投入的意愿，进而推动安全保障，提升产品与服务质量，创造更高的价值。

　　标准化实现模式落后主要体现在企业标准化没有全过程的系统性、专业化的信息化工具。信息化工具的缺失会为生产组织带来两个较大的困难：一是从标准化本身来看，从标准的整体规划、标准研制、贯彻实施、检查反馈、到持续改进的全流程，没有专业的大数据系统支撑，数据与业务不能形成闭环，标准本身就无法有效改进、迭代。二是从标准化与外部系统的交互来看，一个产品的研制与生产过程不可避免地会与外部系统存在复杂、高频的信息交互与依存关系，如 BOM、PLM 等，需要有体系化的、全过程的数据采集与管理、利用，依赖以人为纽带的实现模式就会导致响应不力，存在瓶颈。比如，某产品的标准按照计划或者复审环节进行改进，这时候就需要有此产品在包括实验环节在内的产品研发生命周期各个环节的数据。但这些数据散落在各个场景中，如果仅仅依靠人力进行收集整理，数据将难以有效集中和利用。甚至很多数据都没有被有效地记录保存。因此很多企业标准改进不够科学，好一点的是带上"专家"，差点的是标准化人员自己拍脑袋，更差的情况是找个类似的标准抄抄改改，标准化建设变成了形式主义。

　　标准化大数据就是要围绕企业的标准化全生命周期，建立从数据产生、数据采集、数据处理到建立数据集市、数据建模、提供数据交换、对比分析等数据服务的数字化业务模式，形成数据闭环，以标准化方法不断提升产品与服务，用高标准引领高质量。通过标准数字化与标准化全生命周期的大数据平台支撑，利用云计算、物联网、人工智能等新一代信息技术，结合数字化设计、智能制造技术，让制造业从研发、设计、制造、销售到服务的全过程数字化，从而促进产业转型升级。

二 构建"七位一体"的整体标准化大数据解决方案

标准化作为一种管理方法，其核心是遵循 PDCA 管理模式，建立先进的管理体系，坚持预防为主、全过程控制、持续改进的思想，使企业的管理质量和管理效率在循环往复中螺旋上升，实现企业业绩提高的目标（见图1）。标准化包括标准的制定、发布与实施的全过程，因此，仅建立标准体系，并不能改进企业的管理。信息化是将现代信息技术与先进的管理理念相融合，是转变企业生产方式、经营方式、工作流程、传统管理方式和组织方式，重新整合企业内外部资源，提高企业效率和效益、增强企业竞争力的过程。

标准化相关的系列国家标准，如：GB/T 24421 系列标准、GB/T 35778 - 2017《企业标准化工作　指南》、GB/T 15496 - 2017《企业标准体系　要求》、GB/T 15497 - 2017《企业标准体系　产品实现》、GB/T 15498 - 2017《企业标准体系　基础保障》、GB/T 19273 - 2017《企业标准化工作　评价与改进》等，均对建立标准化信息管理平台的必要性做了阐述。GB/T 35778 - 2017《企业标准化工作　指南》第 12.3.4 条指出："宜建立标准化信息管理平台或与其他信息化管理平台融合，对标准体系构建、标准制（修）订、标准实施与检查、评价与改进等活动信息进行专项管理"；第 12.3.6 条指出："建立标准化信息反馈机制，及时搜集、整理、评审、处置有关标准体系和标准实施过程中的各种标准化信息"。①

---

① 中华人民共和国国家质量监督检验检疫总局、中国国家标准化管理委员会：GB/T 35778 - 2017《企业标准化工作　指南》，2017。

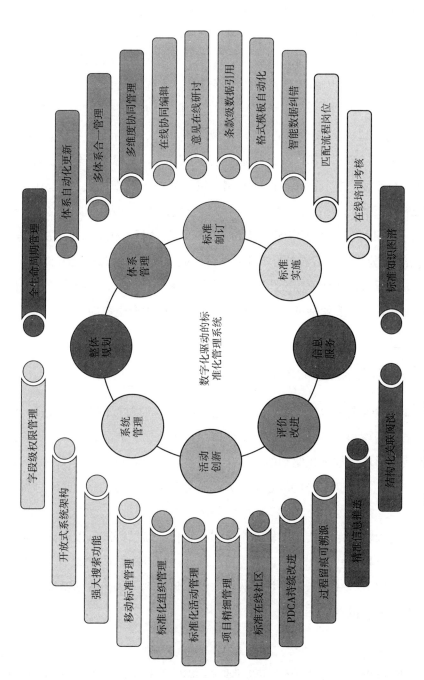

图 1　遵循 PDCA 管理模式设计的标准全生命周期管理系统

121

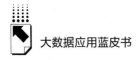

通过信息化固化标准化建设的成果，通过信息化来落实标准化的要求，成为标准化建设取得实效的关键；同时，信息化与标准化的融合，也是信息化与企业管理实际紧密结合，服务企业管理，使之成为有源之水的需要①。

标准化大数据采用的信息化手段，不再是以流程驱动为核心的传统信息化系统，而是以大数据、云计算、人工智能、物联网为代表的新一代信息技术所构建的，以数据驱动为核心的新一代数字化平台，即标准化大数据平台。

根据 GB/T 35778 - 2017《企业标准化工作　指南》，标准化全生命周期可以分为整体规划、体系管理、标准研制、贯彻实施、检查反馈、活动创新、持续改进七个阶段。标准化大数据平台以数字化技术为主线，以大数据平台为支撑，围绕以上七个阶段构建"七位一体"的整体标准化大数据解决方案，将有效解决制造业普遍存在的标准化效率低、成本高、落地难的问题。

如图 2 所示，标准通标准化大数据平台围绕着工业企业标准化过程提供整体解决方案，以下就标准全过程的数字化和标准化全生命周期的大数据平台加以说明。

（一）标准全过程的数字化

标准化大数据平台提供了标准数字化编辑器。通过标准数字化编辑器，以数字格式编写和表达标准，使标准数据与科研数据、产品数据和过程数据无缝集成，形成以数字化驱动的一体化数据系统，建立与不同软件之间的数据互调，从而实现从标准到业务、从业务到管理、从管理到创新的高度融合。

标准化大数据平台实现了标准全过程数字化，新增标准可以从标准研制的源头就实现数字化表达，对已有存量标准要进行反向结构化加工，分类提取参数、指标、公式、术语等技术数据，统一集成到一体化数据系统中，形成一个相对完整的基础库。

① 张根周、毕鹏翔：《国家电网公司标准化和信息化融合的探索》，《电力信息化》2013 年第 5 期。

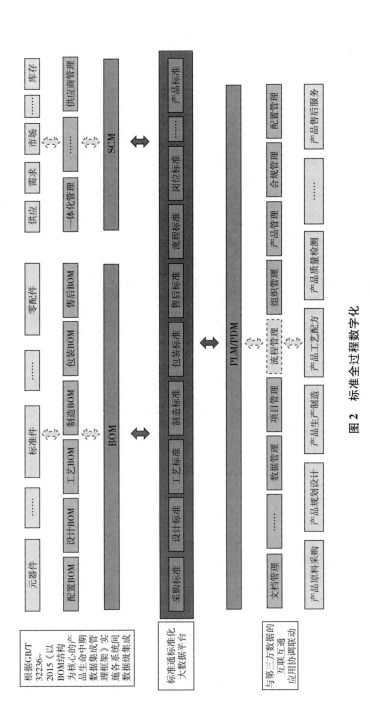

图 2　标准全过程数字化

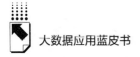

在标准的实施环节，标准使用的反馈信息，包括创新活动、评价改进等过程数据也要根据统一的格式进行数字化整合，以形成持续更新的迭代演进。

除了标准本身的数字化表达之外，与之相关的零部件、设计图纸、三维模型、技术文档、过程管控等信息，均需要进行结构化定义和数字化表达，通过大数据平台实现高度集成，协调联动，从而大大提高了标准化实施落地的效率，最大限度地体现标准的价值。

（二）标准化全生命周期的大数据平台

标准的价值体现给我们描绘了一张美好蓝图，但就像是传说中的桃花源，如何才能到达？有些人费尽千辛万苦终于进入桃花源，如高通、思科这样的企业拿着标准的指挥棒，发出自己的声音，充分享受着掌握话语权的便利；而大多数人或者不知道路在何方，或者标准化道路艰难曲折。而标准化大数据平台就是通向桃花源的康庄大道。

实现标准化大数据可分为六个具体步骤：第一步是采集数据，经过第一道简单加工处理，形成数据湖；第二步是对数据进行综合加工，通过NLP等技术进行智能分词处理、数据清洗、数据对比、数据脱敏、数据关联，通过数据审核后，向第三层输出；第三步是经过第三道深度加工处理，分类识别关键的要素和指标，构建分类主题库，形成数据集市；第四步是针对业务场景进行数据建模，形成数据服务支撑层，这是第四道高级加工处理；第五步要开发垂直搜索引擎、动态报表引擎、数据分析引擎、流程引擎等应用，对上层和第三方提供统一的服务；第六步是根据不同的需求开发数据控制层，提供公共的数据接口服务。标准化通大数据服务平台构建的六个基础技术层次与以上步骤一一对应。

在第一层的数据采集中，对应内部数据与外部数据，有不同的处理逻辑。对制造业来说，内部数据是指从材料、研发、试验、生产、工艺、包装、产品等各个维度产生的各类过程数据、应用实践数据；外部数据主要有来自上下游供应链、外部标准文本与题录、应用与反馈、各级标准化政策、管理与服务、检验检测、计量监测等等。形式上来看，有来自人工观测记录、传感器、试验或者检测仪器的，是一个多源异构数据。这些数据并不能直接进入使用，需要进行至少五层提炼加工，才能构建数据塔。在标准数字化进程中，除构建数据塔之外，数据的闭环也是影响形成标准持续改进的决定性因素。

三 "七位一体""的标准化大数据平台技术实现

（一）标准通大数据服务平台功能简介

如图 3 所示，标准化大数据平台瞄准既有系统的"成品数据"，即已完成了结构化加工并建立起标准之间广泛关联关系、知识图谱以及同一标准版本变迁历史的标准数据，通过平台设置在数据中台的"闸机"（数据道闸，Data Barrier Gate）以流（stream）方式单向有序地注入平台的数据中台，进而通过业务中台提炼，提供的丰富的"公共"组件向上层"业务"组件提供"有温度"的数据，这些数据从数据结构上非常适合平台上各类大数据 SaaS 应用的消费偏好，以近乎量身定制的数据结构完美匹配应用的不同应用场景。数据的存取性能很高，时间开销很低，不需进行额外的格式转换，随来随用。

（二）标准通大数据服务平台技术架构先进性及特色

标准通大数据服务平台的技术架构设计如图 4 所示，由数据中台、业务中台两大部分组成，整体构建在数据总线的基础之上，总线上集成的任一职能组件都通过总线与其他组件完成同步或异步通信及数据传递。根据标准化大数据的业务特点，平台具有以下设计特征。

第一个设计特征是"流式数据闸机"，数据中台拥有设计巧妙的流式数据闸机，通过位于外部数据湖的"数据传感器"自动感知数据湖内已订阅主题仓的数据"水位"变化，当主题仓有新数据产生时自动

标准通大数据服务平台

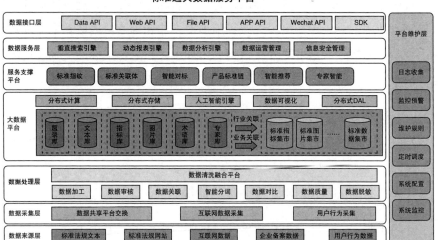

图3　标准通大数据服务平台架构图

开闸引流让新增数据注入数据中台，当有过期数据销毁时通知数据中台同步泄出过期数据，整个数据水位的增减过程系统智能调节，无须人工干预。

第二个技术特征是大数据应用的灵活组装与拆分、灵活的数据总线的接入与退出机制。首先，位于平台 SaaS 层的大数据应用的创建过程可以经由"服务→组件→模块→应用"的路线逐次装配完成，SaaS 化大数据应用在标准化平台的装配过程像搭积木一样轻松，全程可在平台提供的应用工作室中以拖拽"服务""组件"或"模块"的方式"所见即所得"地完成，大大降低了设计、开发的劳动强度和复杂度，缩短了应用开发时间，将枯燥的开发过程变为"标准组件＋个性化配置"的低代码方式完成，缩短了开发、上线周期，降低了开发人员的岗位要求。同时高度标准化的公共组件封装了开发知识经验及最佳实践，提高了应用的质量、稳定性及可靠性。其次，标准化大数据平台还与大数据生产系统形成管道对接，大数据生产系统经内部多轮数据加工提炼后得到的成品数据，按类别及订阅关系经"数据闸机"流

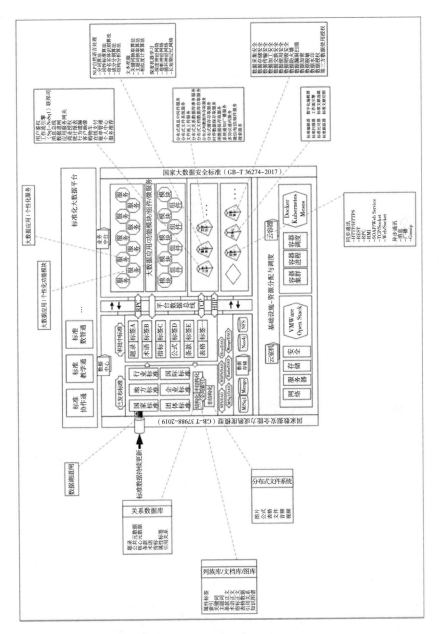

图 4 标准通大数据服务平台技术架构

入标准大数据平台的"数据中台",为平台上众多大数据应用提供高价值消费数据,助其获得最佳客户体验。

(三)标准通大数据服务平台各构件功能介绍

标准化平台本身的规划、架构、设计均遵从国家平台级安全建设标准。如 GB/T 37988 – 2019《信息安全技术　数据安全能力成熟度模型》,满足国家 GB/T 35274 – 2017《信息安全技术　大数据服务安全能力要求》的建设要求。其主要技术构件介绍如下。

1. 平台基础设施层

位于平台最下层,为平台提供计算、网络及存储资源,支持虚拟机及容器两种体系,可采用私有云和公有云两种方式部署。

2. 数据中台

位于平台 PaaS 层,为平台 SaaS 层部署的大数据应用提供标准大数据支持,设计上与生产标准大数据的工厂相通,可以随时增加新生产数据流入与泄出过期数据。与同居 PaaS 层的业务中台共同接入数据总线,随时完成数据传送,为业务中台部署的公共组件、支撑服务、标准套件提供标准大数据引用、加载和精准推荐。数据中台是平台最具数据价值的模块,其持有的高质量结构化标准大数据是 SaaS 大数据应用的数据源泉,是高品质数据服务的保证。

3. 业务中台

位于平台 PaaS 层,是完成平台 SaaS 层标准化大数据应用积木化组装的根本保证,业务中台提供的类蜂巢结构的微服务容器,微服务通过就近接入插槽而被纳入所在大数据应用系统,可以直接与其他公共组件协同工作,对外提供无区别的业务服务支持。同时业务中台提供的图形化服务编排及大数据应用组装工具可以快速以所见即所得的方式构建出满足特定功能需求的大数据应用,避免组件间的功能重叠、重复开发。随着业务中台聚集的公共组件越来越多,搭建一个大数据应用的时间及难度都将大幅降低,一个中等复杂程度及工作量的应用开发装配出来直至交付上线通常不超过 3 周。

除此以外,业务中台的标准化算法库提供标准查重、标准比对、标准扫描、标准版本变化提醒、标准关联、指示图谱等丰富的标准大数据治理、存储、搜索、加工等实用功能以及标准文本挖掘、深度机器学习算法等平台精华，这是部署在平台上的大数据应用的撒手锏，是提高平台用户黏性的有力保证。

4. 对"七位一体"标准全链业务的支撑

标准大数据平台目标是提供标准的全生命周期服务，包括标准制（修）订、标准出版、标准发行、标准咨询、标准培训、标准实施、标准检测等生命周期各阶段，并为以上阶段提供针对性的大数据服务。通过平台的数据中台、多层级总线式架构及"服务－组件－模块－应用"的灵活组装模式，符合标准某一阶段需求的高质量标准大数据应用会不断推陈出新，为制造业、工程项目、标准化科研院所、培训教育机构等客户提供高质量的知识服务，从而引领这些行业的发展与进步。

四　标准化大数据平台的建设实践与应用

（一）标准化大数据平台建设思路

要有效地搭建标准化大数据平台，从技术实现角度来说必须做好顶层设计，平台整体架构既要满足先进性要求，也要注重通用性，稳定性，做到易拓展、易维护。一是要实现平台功能的统一模块化设计、标准化实施、个性化部署、便捷化运维；二是开发通用型数字化编辑器，从源头解决数字化，实现数据闭环。

1. 整体设计

目前大数据呈无序发展状态，使用的语言不统一，例如 Hadoop 使用 Java、Spark 使用 Scala、HBase 使用 Java、Hive 使用非标准的 SQL、MongoDB 使用 JavaScript、Kafka 使用自己的语言等等。所谓统一语言并不是说这些平台不能使用自己的语言，而是对大数据平台来说，使用者应该只看到一种统一的语言，而且这个语言应该尽可能是 SQL，因为这样后续平台的维护才能便捷、易行。

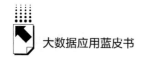

标准通大数据服务平台基于 SQL 提供了统一的数据查询语言接口，采用统一技术架构、统一应用支撑、统一安全体系、统一接口标准设计实现的大数据平台，具有一体化、通用化、标准化特点。基于高性能编程语言（C ＋＋）开发，集多态大数据存储、多态大数据库、大数据仓库、大数据处理平台、大数据处理积木、大数据处理加速器、多重安全保障机制、大数据标准化语言、大数据应用可视化开发环境于一体的大数据平台，涵盖结构化、半结构化、非结构化大数据分析与事务处理的全过程。

2. 模块化

平台将各种模块抽象为"标准积木"，在标准积木框架下，个性化开发标准积木，低成本快速扩展平台。积木体系结构使软件标准化、可复用。平台级积木涵盖数据获取、清洗、入库、解析、多重索引、分析逻辑、处理加速等各个环节，让用户根据业务需求最大限度地调优、扩展与个性化服务；应用级积木将业务逻辑积木化、标准化、组装化，用户按照个性化应用需求，快速构建、加载或更替运行环境中的"积木"，不断扩展平台功能，满足各类大数据应用日益增加的需求。

3. 数据融合

标准化大数据是一个多源异构数据的集合，包含了结构化、非结构化、半结构化等各种类型，数据融合是解决标准化大数据杂（Variety）的关键，而超级表（Super Table）是融合异构数据的具体实现。有别于传统数据库的库表，超级表融合了结构化数据、非结构化数据和多结构化数据处理为一体，简化数据融合。

本平台的非结构化数据处理通过一种"能力"融汇在多态数据库中，结构化、非结构化和多结构化数据处理在统一构架下融合，使用者关注于查询本身而无须过多关注数据的结构特征。

4. 高性能

标准化大数据涉及文本数据、过程数据、传感器数据、指标数据、公式计算、模型数据、产品数据、研发数据等超大量的数据汇总，通过多维分片、列存储技术、全局索引局部化、数据库格点化等综合性技术构建网格数据库，以最小的成本实现性能最大化。列数据库是被广泛使用的最高效的一个大数据核心技术，但列数据库存在着随机访问效率低等诸多问题，很大程度上限制了自身的发展。标准化大数据平台采用的列式存储技术将列数据库的核心技术剥离，融入网格数据库中，最大限度地发挥了列数据库的优势、避开了列数据库的既有问题，并能通过支持 ACID，保证数据完整性。

通过融合网格数据库等的综合能力，标准通大数据服务平台能达到毫秒级的检索响应。

（二）数字化编辑器

标准的研制，尤其是国家标准或者行业标准，经常会涉及多人、多专业协同的场景。传统方式是各专业负责人用 Word 或者 WPS 各自线下编写，项目负责人需要反复统稿、反复修改。而数字化编辑器可以支持多人在线协同编辑同一个文档，自动统稿。新立项的标准可以新建一个项目；旧标准的修订可以将原标准直接导入系统中直接分配给不同专业的负责人编写各自负责的章节。作为项目经理或者总负责人，可以看到每个人负责的这些内容的总体进展情况，随时反馈，不用在线下通过人盯人的方式督促进度。每一位编写人员负责的内容是相对独立的，同一个项目组的人可以看到项目组其他同事的标准编制进展，但是不能修改自己负责的内容以外的版块。

在标准通大数据服务平台上，标准研制是作为项目进行全过程管理的，做到全程留痕、可追溯。项目经理、其他成员或特定的被邀请人员可以在线提出建议和要求，相应的编写人员会收到对应的修改建议进行修改。项目组成员不用统一集中时间面对面开会讨论，而是可以在各自方便的时间进行讨论、修改，充分利用时间，提高了工作效率。经过讨论，标准的内容确定后，提交标准时就不用再做调格式、排样式的编辑工作。系统可以根据预设的格式模板，或者根据 GB/T 1.1 - 2020 的统一要求，一键自动生成符合格式的标准。

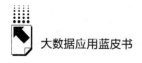
不同于 Word 或者 WPS 生成的文档级文件，数字化编辑器可以直接生成结构化数据，以实现标准及其相关信息的数字化表达。标准的组成要素通过数字化标引，可以按各种要求进行不同维度的重新组合，以适用于工艺、材料、试验、研发、生产、管理、销售等各个环节，从而构建起面向各种应用的动态标准体系，并与 PDM/PLM、BOM 等外部系统无缝对接，无限关联，数据实现了闭环。

标准化的基本原理是统一、简化、协调和最优化。标准化大数据平台建设完成后，要充分发挥平台的价值，从应用的角度来看，就是要遵循标准的内在逻辑，即标准的引领性、创新性、统一性与保障性的四大作用。

（三）标准化大数据平台在企业管理中的应用

企业的标准化活动分为对内与对外两个部分，是一个复杂的运行体系，不是企业中的某一个部门的独立活动，是各个部门、众多环节都可能涉及的一项整体性活动，需要多维度协调沟通。标准化工作从内部讲可以渗透到企业各分公司、各个部门、各项工作中。对外则要与 ERP、PLM、BOM、SCM 等生产系统、业务系统、供应链等协同联动。如此纷繁复杂的管理，不仅要求方便快捷，并且必须关注细节，突出成效。

1. 内部标准化

一是通过标准化的方法，来固化已有成果，提高管理水平，提升产品与服务质量，从而不断迈上新台阶。二是用标准化的方法促进科技创新，标准既是创新的成果表现，也是创新的支撑基础。

大多数制造业的企业在内部标准化的活动中并没有建立起专业的标准化大数据平台，标准化实施成本高造成标准落地难、标准化名存实亡。比如很多企业申请并通过了质量管理体系 ISO9001（GB/T 19001－2016）的体系认证，拿到了认证证书，但能真正地按质量管理体系的要求来落实执行这个标准的企业可能并不多。有些企业只是因为投标等资质要求证书，实际工作并不按照标准执行。

而建立起标准化大数据平台后，通过标准条款结构化、流程结构化、表单结构化，实现了标准体系对业务、岗位、流程的全面覆盖和信息系统流程与管理流程的统一，大大降低了标准化实施的门槛，让标准落地更便捷、易操作。标准不再是摆设，而是能真正发挥价值的指挥棒、助推器，能充分发挥标准应有的引领和规范作用。

2. 外部标准化

一是指必须遵照执行外部的各级标准，如产品在国内销售必须符合中国国家强制性标准，产品销往国外则必须符合产品输入国的相关标准和技术法规等。二是指企业为了品牌提升、市场推广参与的国际、国内标准化组织的相关活动，如参与国际、国家、行业、地方乃至团体标准的制（修）订。

在对外的标准化活动中，能否方便快捷地获取相关信息，在某些关键性节点能否及时、有效地参与有时会成为影响成败的重要因素。比如以模仿某品牌汽车的零部件起家的某汽车零部件配套厂商，发展较快、有一定的规模。在经营活动中，由于厂商负责人只重视市场销售，缺乏技术研发和标准创新，缺乏对汽车排放标准即将有重大调整等事件的关注，导致新标准执行后产品不符合标准要求，最后产品滞销，企业濒临倒闭。与此相反，山东章丘一家小型化工厂由于积极参与并主导了一项高分子吸收材料的国际标准的研制，不仅一举拿下了国内市场，而且成功地打开了国际市场，几乎垄断了纸尿裤、卫生巾产品的原材料供应，成长为一家大型企业。

对于一般企业来说，要能够有效地满足以上要求，需要从国内、国际成千上万家的标准制定组织中及时、便捷地掌握与自己产业相关的标准信息，无异于大海捞针，并不容易。

标准通大数据服务平台通过信息聚类等技术，用特定的算法模型自动匹配企业的产品画像，可以进行精准的信息推送，为企业参与外部标准化活动解决了一大难题。除此之外，企业的研发、产品的科技创新等成果完成标准化后，及时将标准化大数据与科技成果、专利等数据库进行对接，形成协同效应，放大标准价值。

五 标准化大数据平台的案例介绍

（一）标准化大数据平台在立项评审中的运用

在标准的全生命周期中，整体规划是第一个环节，在这个环节中，标准的立项评审是标准研制的前置节点，是从源头决定标准质量高低的关键因素。评审一般是依据标准化法律法规的要求，对标准的必要性和可行性、制定程序的合规性、与法律及现有标准体系的协调性、技术内容的科学性和合理性、体现形式的规范性进行审查。

目前的常规做法是组织专家进行评审，分为两个方面进行。一是形式审查，主要是对材料齐全性、程序合规性进行检验。材料齐全性即申报材料是否齐全、规范；程序合规性是指申报流程是否规范。二是实质审查，即内容审查，对标准项目的指标、参数、要求等进行全方位的审查，如有低于国家强制性标准，或者属于淘汰落后的产业，危害人身健康，污染环境等予以识别并否决。

这种方式最大的问题是决策高度依赖专家，结论受主观性因素影响较大。一方面会造成标准立项的主观随意性大，必要性、协调性、可行性、风险性论证不充分，可能项目会"带病上马"，导致难以有效控制标准制定周期，质量得不到保证；另一方面新技术、新产品立项难，不利于创新发展。此外，由于每次项目评审专家往往不是同一组人且缺少数据支撑，导致一个标准项目立项失败后，提出部门或者单位常常修改项目名称或者部分内容后继续申报，最后依然可能申报成功，这挑战了立项工作的权威性与严谨性。

如图5所示，标准化大数据平台建立以后，可以利用基础的大数据主题库，通过特定的算法对申报项目进行基于人工智能的综合扫描，得出综合评估指数，结合辅助决策系统，为标准评审提供客观数据支撑，从而大大提高了标准立项的质量。

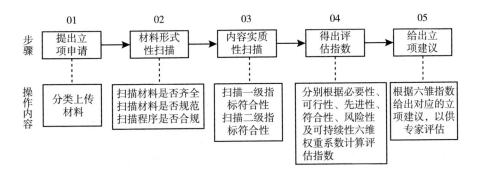

图5　立项评审辅助决策系统工作流程

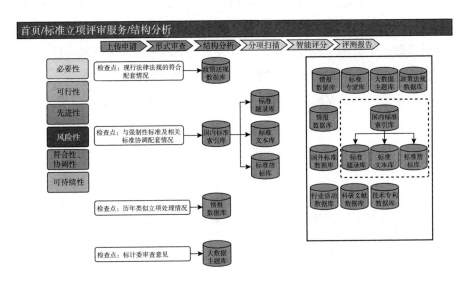

图6　标准立项评审服务结构分析

（二）标准化大数据平台在标准研制中的运用

标准研制也就是通常所说的标准制（修）订。传统的标准研制方式是成立一个工作组，由组长分配编写任务，专家各自编写自己负责的内容，由组长统稿。形成草案后开会研讨，达成一致意见后形成标准送审稿。然后再组织专家召开评审会，根据专家的建议再度修改，形成标准报批稿，最终相关流程完成批准后发布。据不完全统计，一项标准在正式发布前，最少需要

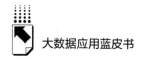

经过 2 次会议、5 次发文。对于会议的组织与筹备工作，需要预先和与会专家沟通会议的时间、地点，一般一次标准论证会的筹备时间在一周左右。发文则需要最高管理者（法人）进行签批后才可生效，但往往因为各种因素无法及时发出。

以公牛集团有限公司为例，该司每年需要制定一定数量的企业标准，并参与相关国际、国家和行业等外部标准的制（修）订，在研制标准的过程中往往需要查阅大量的上下级标准、比对标准中的核心技术指标。以往依靠专家的经验去进行筛选和提取需要消耗大量时间和精力，且众多会议使得研制成本较高。在标准化大数据平台上线后，利用在线协同编辑功能，多名专家按各自分工同时在线研讨、在线编辑标准项目，过程全记录、全留痕，可自动统计分析生成相应报告。此外，平台提供了内置标准主题库，提供条款级的标准数据引用模块，通过关键字即可检索到相关标准及标准条文，方便专家提高编写效率。在编辑完成后的各个阶段自动按照 GB/T 1.1 标准的格式或企业自定义模板一键导出文档，无须排版（见图 7）。仅此一项，公牛电器集团在标准化活动上节约的成本就达到了百万元，带来的间接收益更多。

（三）标准化大数据平台在实施反馈中的运用

标准实施是整个标准化活动的一个十分重要的环节，企业标准化工作最重要的任务是实施标准。标准实施的程度直接关系到标准化的经济效果。标准实施是一项有计划、有组织、有措施的贯彻执行标准的活动，是将标准贯彻到企业生产（服务）、技术、经营、管理工作的过程。①

传统工作中，标准化管理人员通常会针对不同的岗位制定不同的表格，罗列需要贯彻的标准及条款，人工检查发现不符合标准的条目并做出相应修改，最终将检查及相关资料存档，完成标准制定或者修订。由于标准是动态

---

① 李素萍、马祥英：《贯彻实施标准是企业标准化工作的主题》，《中国标准化》2007 年第 9 期。

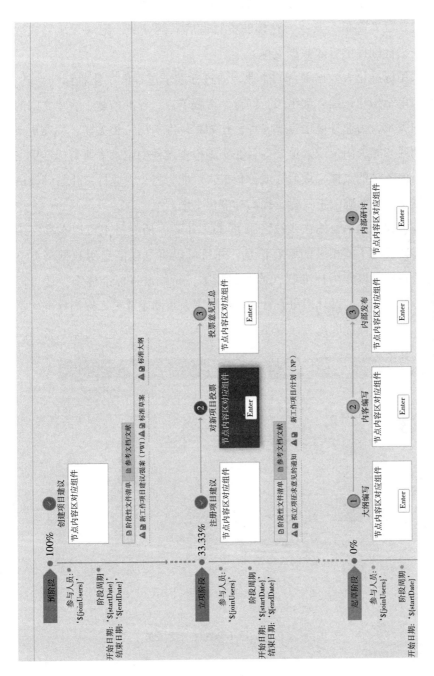

图 7　标准研制流程

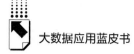

更新的，标准发生变化后，标准化管理员需要人工更新相关的标准信息，工作量繁重，且效率低。其次，存档的资料最后只能查阅，记录无法形成数据，无法为标准提供有效数据支撑。

而采用标准化大数据平台的企业，通过标准全过程数字化将标准条款、流程和表单结构化，建立起组织、岗位、流程节点、标准条款、表单之间的相互引用关系，为业务应用提供支撑。比如将标准与岗位相关联，标准更新后可自动通知相关岗位或人员，并且在实施检查过程中记录下所有标准贯彻过程中沉淀下来的数据，最后形成分析报告。能为将来企业标准化持续改进提供数据支撑，明确改进目标，提高标准化水平。

此外，大数据平台的在线社区服务（见图8），所有员工可以在社区中交流研讨，及时了解相关的解答信息，并且可以将过程信息用数据沉淀下来。这些不仅可以作为标准制（修）订依据，持续改进标准体系，还可以与培训考试相结合，设计出更有针对性的题库，帮助企业员工提高标准化意识，更好地为贯彻标准化工作赋能。

图8　标准化大数据平台在线社区服务

六 展望

标准是人类知识的结晶，标准化大数据平台就是"藏宝楼"。"九层之台，起于累土"，当今标准化大数据平台所做的工作只是一个开始，后续应当在自动化、智能化、生态化上进一步发展，在标准的协同编纂、检查监督、实施评价、经济效益、企业管理、风险防控、流程优化等各个环节实现智能运用。标准是话语权，是通行证，中国制造企业要利用数字化手段加强与上下游产业链、国内外生态圈的推广、协同，共同打造中国标准的影响力，使之成为行业的世界通用标准，改变中国制造大而不强的困境，努力为建设智造强国贡献自己的力量。

B.8
基于大数据的产业组织服务平台

高中成 隋明军 邬登东 丁泓竹*

摘 要： 最近几年大数据技术迅猛崛起，广泛应用于我国各行业领域。为了解决当前产业园区及地方政府面临的产业组织困境，找到全新的破局之道，中关村协同发展投资有限公司借助大数据及人工智能等相关技术搭建了大数据产业组织服务平台。通过挖掘海量数据，充分还原区域产业发展动态；应用机器学习技术，精准匹配与导入产业资源；将经验固化为分析模型，使产业服务更加高效和便捷。中关村大数据产业组织平台通过大数据与人工智能技术的结合，正在推动产业组织的模式变革。

关键词： 产业组织 大数据 机器学习

一 背景

中关村协同发展投资有限公司成立于 2015 年 9 月 16 日，是北京市落实

* 高中成，高级工程师，现任中关村协同发展投资有限公司党总支书记、董事长，致力于科技园区策划、投资、开发建设、产业组织服务 16 年，拥有丰富的产业园区统筹开发经验；隋明军，现任中关村协同发展投资有限公司总经理，拥有丰富的产业园区管理经验；邬登东，中级工程师，现任中关村协同发展投资有限公司综合管理中心总监，在园区规划、产业招商、园区运营管理等方面具有丰富的经验；丁泓竹，现任中关村协同发展投资有限公司人事助理。参与建设并维护大数据产业组织平台，同时参与多个区域合作项目，是产业组织新模式的一线探索成员。

国家京津冀协同发展战略、发挥中关村示范引领和辐射带动作用的重要举措。该公司由中关村发展集团联合招商局蛇口工业区控股股份有限公司及中国交通建设股份有限公司出资设立。公司始终坚持"整合资源、协同发展"的使命和"致力于成为具有全球影响力的科技园区咨询投资领军企业"的愿景，不断深化"中关村推动区域协同发展的科技园区咨询投资平台"的战略定位，探索形成了园区"六位一体"规划咨询、园区统筹开发、"中关村协同发展中心"产业综合体项目开发、轻资产运营服务这四大核心业务类型。在各项目的推进过程中，产业组织工作遇到了实际问题，而采用大数据技术对于推动产业组织工作具有积极作用。

（一）产业组织工作痛点

由于全球新冠肺炎疫情、中美贸易摩擦等外在环境变化，中国经济发展遇到前所未有的挑战。各类型产业作为地区发展的核心驱动力，以及作为区域经济和产业发展重要推动力量的产业组织工作都面临着新一轮的机遇和挑战，在实际工作中也遇到许多痛点。中关村协同发展投资有限公司作为政府针对产业组织的抓手和连接器，在开展工作过程中对问题进行梳理总结，分为区域产业发展和园区产业组织两类。

1. 产业组织工作在区域产业发展中的痛点

（1）区域之间产业发展不均衡，部分产业需疏解，部分产业空心化。产业疏解方面，我国部分城市产业过于集中，良莠不齐，不利于区域产业的长期发展。2017 年北京市政府颁发了《北京市人民政府关于组织开展"疏解整治促提升"专项行动（2017–2020 年）的实施意见》（京政发〔2017〕8 号），提出进行非首都功能疏解、大城市病治理、发展质量提升等中心工作[①]。"疏提并举"推动制造业高质量发展，持续推进一般制造业企业动态调整退出。另外，当前我国许多区域缺乏主导产业与龙头企业，政府招商引

---

① 陈水生：《超大城市空间的统合治理——基于北京"疏解整治促提升"专项行动的分析与反思》，《甘肃行政学院学报》2019 年第 4 期。

资的成功率不足 10%，政府获得的回报根本无法与投入匹配。究其根本，推广渠道单一、精准度不高、专业度不够是主要因素，区域经济长期发展后劲不足，不利于区域经济稳定发展。

（2）其他要素资源（人才、技术、资本）不平衡。人才、技术、资本被称为当代生产力的三大要素①，虽然产业的发展离不开这些重要资源，但资源的不平衡也是制衡许多区域产业发展的重要瓶颈。资源供应方需要合适的发布渠道，资源需求者也需要合适的平台找到已发布的资源。

（3）一线城市空间资源匮乏，且成本过高。一线城市租空间难、租金贵是制约企业发展的重要因素，尤其是对于初创型、中小型企业，过高的租赁成本有时会触发企业外迁。

2. 产业组织工作在园区产业组织中的痛点

（1）园区招商与企业选址信息不对称，供需匹配效率低下。需要建立平台并整合资源与信息为园区招商和企业选址提供工具手段。

（2）产业资源的储备及导入方法落后，需要与时俱进，更加便捷高效。过去依靠人海战术，费时费力，且容易受主观因素影响。当前各地方单位招商仍以驻点招商、商会招商、推介会招商、中介招商、敲门招商、以商引商等方式为主。这些方式各有利弊，关注点不同。然而，这些招商方式都存在以下问题：招商方向模糊、发掘项目资源少、力量不足，所以费时费力但效率低；对于大规模商会、中介及敲门招商、驻点招商等，企业信息收集范畴较小且受限；主观作用影响大，重点不明确。受局限因素影响，招商成功率不能令人满意。急需对产业资源进行数字化、线上化管理，用科技的信息化技术手段做到区域内精准招商，以节省人工成本②。

（3）缺乏产业培育的能力，招来的企业"养不活，留不下"。需要以更加高效和便捷的方式及时为企业提供产业服务，进而提高产业生态的活跃度。

---

① 易伟：《武汉市科技创新投融资服务平台构建研究》，硕士学位论文，武汉理工大学，2006。
② 闻韶：《数字化升级 加速产业融合发展——金划算的人力资源＋产业园经营之道》，《中国人力资源社会保障》2020 年第 12 期，第 33 页。

（二）大数据是解决产业组织痛点的重要技术力量

大数据可以借助技术手段快速处理丰富多维的数据，挖掘对预测未来趋势及模式有价值的数据，使用机器学习、人工智能和数据挖掘方法来深度分析。

运用大数据技术可以通过挖掘海量数据，充分还原区域产业发展动态；应用机器学习技术，精准匹配与导入产业资源；将经验固化为分析模型，使产业服务更加高效和便捷。中关村大数据产业组织服务平台致力于通过结合大数据与人工智能技术推动产业组织的模式变革。

二　产业组织新方式——大数据产业组织服务平台

（一）平台架构

为推进产业组织工作，中关村协同发展投资有限公司构建中关村大数据产业组织服务平台，完成了包括 1 个大数据应用平台和 3 个大数据技术平台（数据采集平台、模型管理平台、数据管理平台）的“1 + 3”平台建设。平台架构如图 1 所示。

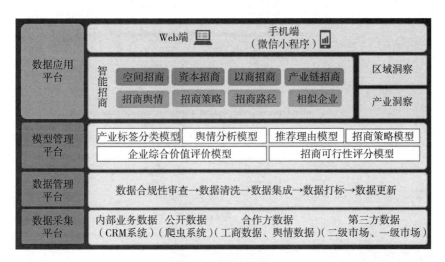

图 1　平台总体框架

1. 物理部署

整体物理部署分为前置层、WEB 层、数据库层、应用层、业务处理层。当用户成功登录 WEB 层对 web 服务器设定后，服务器通过 Apache 对外提供服务，并代理转发到舆情应用和展示平台应用。前置层部署舆情应用和展示平台应用，通过 WEB 层转发对外提供服务。业务处理层部署 CKM 和数据清洗（Extract-Transform-Load，ETL）工具。数据库层部署 Mysql 双机集群和 HyBase 数据库。物理部署如图 2 所示。

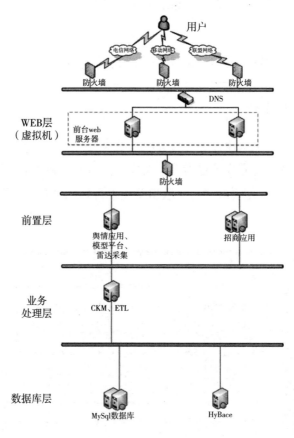

图 2　物理部署

2. 数据采集平台

数据采集平台链接了各类数据源，包括公开数据、合作方数据、第三方数据和公司内部业务数据，具有如下功能：

（1）内部数据接入。使用 ETL 软件批量导入 Excel 等格式的数据，可以通过接口与内部系统（CRM、ERP）实现数据连通。

（2）第三方数据接入。通过 ETL 软件对接启信宝、Wind 等数据供应商信息。

（3）互联网数据爬取。开发爬虫系统爬取目标范围的相关企业信息并进行结构化存储入库，采集工具还可以实现存量企业数据定期更新。

（4）舆情系统。把相关产业、政策和企业信息从固定的数据源、网站中提炼出来，加工整合为链接或文字形式在对应区域呈现，实现智能舆情分析。智能分析涵盖情感分析、地域分布、观点提取、文章分类等内容，并通过舆情可视化监测系统分门别类、直观地展现出来。

3. 数据管理平台

数据管理平台实现了数据合规审查、数据清洗、数据集成、数据打标和数据更新的功能，下面具体介绍各类功能。

（1）数据存储。通过 Hybase 大数据管理系统对采集的数据和批量导入的内部系统数据进行存储，其特点在于系统充分考虑数据存储的可扩展性，可针对同一个数据条目不断拓展数据项。

（2）数据清洗。ETL 软件可以根据配置抽取指定数据库、文件等，确保数据表属性统一，妥善解决了源数据的同义异名、同名异义问题，做到了数据挖掘中的同名同义[1]。在抽取过程中支持配置筛选规则，能够大大降低分析的数据量，显著提高数据处理分析效率。依托事先做好的数据处理工作的可视化功能节点，实现数据转换和数据清洗的可视化。

（3）数据聚合。将企业的工商注册码作为线索整理，聚合不同来源的多个数据源。

（4）特征抽取（Tag）及标签管理。通过监督、半监督、无监督学习的

---

① 杜威、邹先霞、潘久辉：《虚拟数据库的实现方法》，《计算机工程与设计》2010 年第 14 期，第 3201～3206 页。

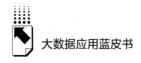

方式，根据指定的标签分类目录和已有的训练集，对数据进行标签化，即通过对关键字抽取并进行向量机训练，完成标签化初步筛选与抽取。

（5）图数据计算，应用图形数据库，方便找到便捷的招商联系路径，展示指定公司与中关村企业资源库中的企业之间的股权关系。

4. 模型管理平台

模型管理平台利用机器学习的算法构建了产业标签分类模型、舆情分析模型、推荐理由模型、招商策略模型，设计了企业综合价值评价和招商可行性评分体系。模型管理平台集成了指定的模型算法，包括主成分分析、因子分析、熵值法和层次分析等模型，并提供了标准化的模型接入接口，且参数可调，做到了模型可替换。

5. 数据应用平台

应用平台完成了 Web 端和手机端的程序部署，开发完成了智招－选商、区域洞察、产业洞察等核心模块。基于对产业组织的深刻理解，智招－选商模块实现了空间招商、资本招商、以商招商、产业链招商、招商舆情、招商策略、招商路径和相似企业等特色子模块。具体平台使用逻辑如下。

（1）引导页。为了收集用户的关注信息，方便为用户推荐招商项目，需要用户在首次登录系统时，进入引导页面，填写相关信息。支持关注区域、对企业的资质要求、关注的产业、招商所在地的设置。

（2）首页。为了方便招商经理、产业研究人员和区域研究人员开展每周工作，系统每周会根据每个用户在引导页设置的条件自动推荐符合要求的企业清单以及相关舆情给用户。企业清单信息包括推荐的企业基本信息、招商线索、推荐的招商模式、招商评分等，并提供关系挖掘和招商策略的入口，方便招商经理联系企业。系统会根据用户关注的区域、产业、企业推荐相应的舆情新闻，便于用户第一时间了解和自身招商相关的信息。

（3）智招－选商模块

智招－选商模块包括为你推荐、智招优选、高级搜索和企业资源库功能。智招优选根据系统预设好的招商模式（空间招商、资本招商、以商招商、产业链招商）及其模式规则，自动归集满足招商模式的企业集合，存放在智招优选模块当中。根据每个用户在引导页设置的条件，每周会自动推荐符合要求的企业清单供招商经理查询和使用，自动推荐的企业即为你推荐板块下的企业。高级搜索给用户提供自助式的查询功能，是按实际要求获得招商短名单的一种路径。其中智招优选的招商模式具体介绍如下。

• 空间招商。通过对企业舆情及工商数据的挖掘，在以下方面发现空间招商相关的线索：企业因扩大生产，可能有新建生产或办公场所的需求；企业因为现有生产场所老化、空间不足或形象不佳等原因，可能有新建生产或办公场所的需求；企业因拓展市场、降低成本、政策吸引等原因，可能以投资购地或建厂、设立分支机构等方式在新区域战略布局；企业因持续经营、上市准备等原因，可能需要进行固定资产投资来购置土地或房产；企业因位于政策重点疏解区域且产能落后，可能被政府强制清退或疏解；企业因产能落后、环保压力或经营成本上升，可能被迫将产能外迁到新区域。

• 资本招商。通过对企业舆情及工商数据的挖掘，在以下方面发现资本招商相关的线索：企业可能有通过 VC、PE 进行股权融资的需求；企业可能有在新三板挂牌并进行融资的需求；企业进行股份制改造、进行上市辅导或进行 IPO 申请，预计近期 IPO 进行融资成功；企业披露增发或配股预案，预计近期进行增发或配股融资；企业披露公司债、可转债或可交换债发行预案，预计近期发行公司债融资；企业披露对外投资计划，预计近期会在该区域设立合资公司或全资子公司。

• 以商招商。通过对股权关系挖掘，发现园区已落地的企业、公司现有客户、集团对外投资企业三类企业，并挖掘相应商业关系。

• 产业链招商。通过对企业舆情及产业标签的匹配，发现目标产业的龙头企业、目标产业的上游及下游配套企业；利用数字化手段重现产业链关系结构，打造产业上下链商业关系。

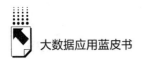

通过四类招商模式分析，摆脱传统的依靠咨询公司的做法，让招商工作变得"有章可循，有的放矢"。

（4）智招–分析

通过智招–选商模块找到企业之后，招商经理可以使用智招–分析模块对企业进行分析，通过招商策略功能评估指定企业的招商可行性和招商综合价值，通过关系挖掘功能联系具体的企业。招商策略功能从可招商性、企业综合价值等角度，对企业进行评估，需要通过招商评估模型、招商矩阵等一系列模型，最终形成可输出的模型结果，并对模型结果进行分析。关系挖掘功能可深挖具体某家企业的关系，包括联系方式、关系舆情、关系图谱。招商经理可通过关系挖掘找到最合适的客户联系方式以及联系路径。

（5）企业详情

招商经理需要进一步了解企业信息时，可点击系统中的任意企业名称进入企业详情页面。企业详情页面包含企业的基本信息、工商信息、财务信息、舆情信息。

（6）区域研究

适用于专家、客户经理对特定区域进行研究，包括区域简介和区域分析功能。

●区域简介。提供关注区域和自定义区域的可视化查看功能，可以在地图上显示指定区域的范围和企业数量的热力图，同时支持按照行业进行筛选。

●区域分析功能。分析数据维度主要有 GDP、财政收入、人口数量及分布、人均可支配收入、三大产业占比及前 10 大行业、新增消亡企业及产业、企业类型、注册资本、成立年限、在营情况、重点关注标签等。

（7）产业研究

适用于专家、客户经理对特定产业客群进行研究，包括产业简介和指定产业客群的分析等模块。产业简介可以提供关注产业和产业分类的可视化查看功能，通过产业矩阵图显示指定产业的产业链图，包括产业分类名称和对应产业下的企业数量。可以通过此页面进入高级搜索功能，查看指定产业下的所有企业。

产业客群分析功能可以提供如下分析：

• 产业矩阵群。多个产业的矩阵图汇总，以及客群企业分布表（按产业）。

• 客群区位分析图。按省、市、区三级分布，统计每个省、市、区的数量。

• 客群年龄分析。分析客群的年龄分布，同时按已选产业统计年龄分布。

• 客群注册资本分析。分析客群注册资本分布，同时按已选产业进行注册资本分析。

（二）关键技术

1. 特色产业识别及分类技术

平台根据产业组织业务特点定义以下产业识别技术的设计原则。

• 全面性。应全面体现出影响产业的各个因素，可以从规模性、地域性和效率性等方面出发。

• 科学性。在收集数据时，要兼备精准性和权威性，力求得到有一般性和客观性的结果[①]。

• 可行性。指标应从持有统计资料中提炼，或者整合统计数据间接拿到。

• 可比性。产业须统一，且立足于纵向视角比较评价对象，保留产业的可比性。

• 变动性。当产业发展经历不同阶段时，指标体系也应适当优化调整。特色的指标体系必须是顺应时代发展需求的。

根据以上原则，设立五套标签，包括国民经济行业分类、证监会行业分类、Wind 行业分类、国家战略新兴产业（14 个二级目录）、协同产业（29

---

① 刘红：《"数据－理论－观测－现象"四元论——对数据客观性和精确性的探讨》，《自然辩证法研究》2014 年第 2 期。

个二级目录)。其中,国家战略性新兴行业分类和中关村协同产业(大智造、大健康、大环保、大信息)分类具有独创性。根据样本进行特征识别提取关键词后,能够在大数据平台的支持下迅速完成企业各项数据的收集工作,即可根据新规则分类出新的产业标签。

依据上述标签分类,可以从现状出发,以产业指标体系为依据归纳原始数据;在对每一级指标现状评价时,分别选择特征工程的其中一种方法计算产业评价综合值;分析计算结果,参照其他定性方式进行科学选择。标签的提取采用如下方法。

(1)主成分分析方法。主成分分析法作为一种统计方法,以降维为重心[①]。该方法把与正交变换分量有联系的原随机向量向分量无联系的新的随机向量迁徙过渡,让样本点最散乱的 p 个正交方向成为该随机向量的指向点。接着,降维处理多维变量系统,加工为低维变量系统。在此之上,设定合理的价值函数,最终呈现为一维系统。

(2)使用文本分析方法提取样本特征,该方法对文档数据进行语义分析,提取产业标签。方法包括文本分类、文本相似性检索、文本自动摘要、主题词标引、文本信息抽取、拼音检索、相关短语检索、常识校对、文本聚类、中文分词、关联关系。文本标签采用的方法如下。

• TF - IDF(Term Frequency-Inverse Document Frequency),主要思想来自信息检索领域,在计算时以文档中出现的每个词的词频(TF)和在全部文档中每个词出现的文档频率(DF)为主[②],其中 TF 的计算方法是:

$$tf(w,d) = \frac{count(w,d)}{size(d)}$$

即该词(w)在文档(d)出现的次数除以文档的总词数。

IDF(反向文档频率)的主要思想是所有文档出现次数越少的词,对于

---

① 张会会、张伟、胡昌华等:《基于主成分分析法的惯性器件寿命预测》,《系统仿真技术期刊》2011 年第 4 期。

② 龚静、黄欣阳:《基于 k 最近邻和改进 TF - IDF 的文本分类框架》,《计算机工程与设计》2018 年第 5 期。

文档的区分能力越强，语义信息的含量也越高。IDF 的计算方法如下。

$$IDF = lg\left(\frac{n}{docs(w,D)}\right)$$

即文档数 n 除以出现该词的文档数 docs（w，D），再求对数。TF × IDF 既为 TF – IDF 的结果，然后加上其他特征的权重，比如词性、大小写、是否为英文或数字等特征，综合加权计算每个词的评分，从而选出评分高的关键词。类似地，也可以把 TF × IDF 替换成 TF × DF 值，其中 DF 就是文档频率，来计算关键词的权重。

• 有监督学习文本标签提取采用逻辑回归（Logistic Regression）算法。

（3）指标分类器。使用文本标签提取选出样本特征关键词，再运用机器学习算法进一步根据关键词进行分类，即可得到新的产业分类。方法用于构建国家战略性新兴行业分类和中关村协同产业（大智造、大健康、大环保、大信息）分类，主要采用线性 SVM（支持向量机模型）。线性 SVM 是一种分类算法，在建设好无限维、高维或超平面空间后，利用 n – 1 维的超平面分割，让两个源自不同类的数据点间隔达到最大面。而这个面出现的话，该分类器则算是最大间隔分类器①。

结合上述技术，现介绍以国家战略新兴产业分类为例的标签构建过程。首先通过专家经验确定样本企业，从而确定样本招聘数据。然后使用 TF – IDF 等方法提取样本特征，其次使用机器学习线性 SVM 等方法，确定企业所属产业。比如表 1 中列举的标签名称及样本特征关键词，其中新一代信息技术产业是国家战略新兴产业分类的一级标签，下一代信息网络产业、信息技术服务等是二级标签，大数据服务、集成电路等是三级标签。使用 TF – IDF 提取样本特征得到的关键词，后续分类使用线性 SVM，最终得到现有打上这些标签的企业。

---

① 周欣、吴瑛、张弛：《基于高阶累积量和支持向量机的信号调制分类》，《信息工程大学学报》2009 年第 4 期。

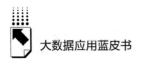

表 1　产业标签分类关键词

标签名称	样本特征_关键词
新一代信息技术产业－信息技术服务－大数据服务	Hadoop、Hive、Impala、HBase、mapreduce、Spark、storm、etl、mahout、数据仓库、olap、Kafka、mongodb、Sqoop、Flume、zookeeper、海量数据分析、海量数据挖掘、大数据平台、Spark Streaming、yarn、HDFS、存储、运维、计算框架
新一代信息技术产业－电子核心产业	集成电路设计软件、电子产品设计制造服务、光刻设备、微处理器、光掩膜、线宽 x 微米及以下、SoC、晶圆测试、芯片设计、数字芯片、射频芯片、模拟芯片、芯片架构师、EDA 工具、线宽 100 纳米以里、数模集成电路制造、集成电路芯片产品、绝缘体上硅、化合物半导体材料、薄膜生长设备
新一代信息技术产业－网络信息安全产品和服务	安全咨询、漏洞挖掘、网络安全、渗透测试、网络安全项目、网络安全、安全开发、网络安全售前、安全研究、安全服务、信息安全、防火墙、安全分析、安全咨询产品、安全咨询服务、网络安全产品、网络安全售前、互联网安全产品、密码产品、信息安全工作经验、网络安全从业经验、网络安全行业、信息安全领域、信息安全项目、信息安全产品、应用安全设备、监控相关软件、监控软件、监控产品、漏洞挖掘、渗透测试、安全漏洞、安全威胁情报、网络攻击行为、网络安全相关国家标准、防火墙、vpn、防病毒、idsips、云密码机、云密码服务、海量安全数据、安全管理平台、web 漏洞、恶意软件、网络协议、逆向分析、安全攻防研究、漏洞原理、系统漏洞、入侵检测、病毒防护、恶意代码分析、apt 追踪溯源
新能源产业－太阳能产业－智能电网	智能电网、智能变压器、无功补偿设备、谐波治理、智能输电、智能配电、交联聚乙烯、分布式电源、双向变流器、充放电控制器、电气工艺、结构设计、电气工程、电气技术、工程师、电控设计、变压器、整流器、电感器、电抗器、高压变频、电力变流、逆变器

2. 大数据产业组织平台技术

大数据产业组织平台是中关村做产业组织工作的抓手,平台有效提升了企业的资源利用率,同时也能够降低企业运行的经济成本,为企业收益最大化提供保障。平台不仅能够及时为企业用户提供行业相关舆情,同时还能够结合用户行为进行分析,将招商信息、符合要求的企业清单等信息传输给用户,确保能第一时间了解明确的招商信息。为了满足产业组织工作的需要,平台设置了特有的招商规则、企业多因子打分模型、相似企业模型。招商规则是根据现有产业工作人员的经验沉淀成数据化的模型,平台设计的招商评估模型、招商矩阵模型等则能够帮助用户对相关企业的招商价值提供具有准确性、时效性、动态性特点的数据支持。使用多因子模型形成特有的产业评价体系，企业能够迅速完成不同产业比较多维度指标的评价工作，确保制定的企业招商方案以及区域发展理念始终处于先进地位，为中关村区域创新以及生态位提升提供保障。相似企业模型使用神经网络技术深度挖掘有选址需求的企业，充分发挥大数据价值，找出新的招商规律和线索。其核心技术如下。

（1）舆情系统分析技术。该技术使用自然语言处理方法分析全网数据，获得企业相关信息，包括警告信息、负面信息、扩张需求、选址信息等。

（2）行为分析技术。利用爬虫、自然语言处理和用户行为分析技术，自动化捕捉招商线索并个性化推荐。行为分析技术使用的范围：使用数据采集工具用来进行数据获取、转换、装载，通过各个数据处理模块之间自由组合，设计个性化的数据处理流程；通过专为用户行为分析设计过的数据处理流程，获取用户在网页上的数据行为，比如可以分析每个用户的点击率，通过点击率的共性挖掘用户偏好，从而推送偏好企业；对企业投资选址、产能扩张等舆情线索进行自动识别及实时监测，并对具有不同偏好的招商人员进行个性化推送，辅助招商人员进行潜在招商目标的发现与储备。

（3）规则梳理。平台结合产业组织工作实际需要，构建空间招商、资本招商、产业链招商、以商招商的数据化规则。如表2所示，为空间招商的规则定义。

表2 产业数据化的规则示例

招商模式	空间招商						
规则名称	被疏解企业	成长良好企业	人员规模急速扩张企业	近半年融资成功企业	近半年发布定增计划企业	业务快速扩张企业	重点城市近期注册企业
标签文案优化	可能被政策疏解	业务增长快速	人员增长快速	近半年融资成功	近半年发布定增计划	对外投资活跃	近期新注册

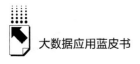
续表

招商模式	空间招商								
规则描述	注册地址=北京疏解区(标签)or经营地址=北京疏解区(标签),所属行业=北京疏解区清退行业(标签)	连续2年营业收入同比增长率>50%	连续2年注册资本同比增长率>50%	连续2年员工人数同比增长率>20%	近三个月招聘人数>30人 or 近三个月招聘人数增长率>10%	当前日期－融资日期<180天	当前日期－定增首次披露日<180天	近三年新设子公司数量≥3 or 近一年新设分公司数量/年化新设分公司数量>2	注册城市=园区所在城市,注册时间<2个月,一期确定的13个城市

（4）多因子评分模型。多因子评分模型集成了一线招商团队的"最佳实践"，将招商专家、产业专家的经验转化为数据模型。模型分为企业综合价值和招商可行性两个板块，其中企业综合价值分为纳税能力、资质荣誉、创新能力、人才贡献、舆情影响五个维度，招商可行性分为资金实力、业务增长、投资活跃度、投资偏好、选址需求五个维度，共有十个维度。每个维度均有不同的权重和计算方法。

以"舆情影响"为例，舆情影响是通过特征组合1：正面舆情条目数，特征组合2：负面舆情条目数，进行归一化处理后得到的值相减得到的。多因子数学模型可抽象如下。

$$Y = \sum_{i=1,\,,n} a_i(特征组合\ i)$$

以"选址需求"为例，特征组合1：主动扩张，特征组合2：被动疏解，特征组合3：与过往招商落地企业相似，特征组合4：有明确选址需求，公式如下。

$$Y = a_1(主动扩张) + a_2(被动疏解) + a_3(过往招商落地企业相似) + a_4(有明确选址需求)$$

通过对企业进行打分，我们可以对企业的"好不好"及"来不来"，有更直观和清晰的判断。

（5）利用知识图谱技术模拟"以商招商"业务场景，深度挖掘股东关联关系和公司内部资源，实现可触达的招商路径。如通过工商股权、法人任职等关联关系，深度挖掘中关村发展集团、公司内部客户（CRM 数据）、京津科技城已入驻企业的各类关联关系（企业股东关联关系、企业投资公司关联关系、高管对外任职和投资等关系），帮助招商人员扩展招商资源，同时发现潜在招商目标的有效触达路径。

3. 数据存储系统

平台大数据存储使用 Hadoop 生态圈的技术 HDFS 以及 HBase 作为底层数据仓库，存储各种结构化和半结构化的数据。同时使用 ElasticSearch 作为数据检索工具，使用 Impala 作为在线分析处理工具，使用 PPAS 作为在线业务数据库。借助于 Hadoop 丰富的生态体系，使用 Hadoop 的 MapReduce、Spark 作为离线批处理工具，使用 SparkStreaming 作为实时处理工具，其架构如图 3 所示。

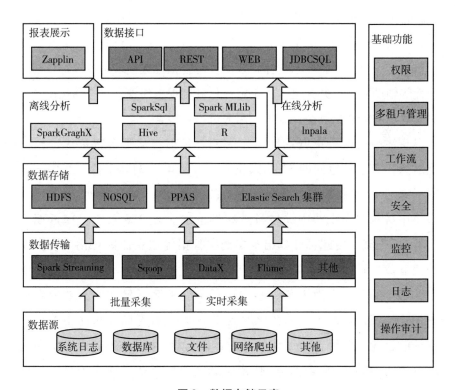

图 3　数据存储示意

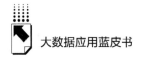

三　平台效果验证及案例

（一）平台效果验证

为了验证平台的效果，我们要选择合适的指标，选址需求这个指标使用的技术较多，包括舆情分析、自然语言处理、相似企业模型等，并且具备一定的复杂度，同时验证路径清晰，因此我们以选址需求为指标对平台效果进行验证。具体从两个维度进行验证一是使用大量电话询问确认的方法，对特定地址有选址意向的企业进行记录；二是以公司 CRM 库中企业对接数据为基础，使用混淆矩阵计算的方法判断模型的准确度。

1. 电话询问法

跟智招优选模块中对特定地址有选址意向的企业打电话确认，以此来验证平台对招商效率的提高情况并综合判断平台的数据评价效果。此环节实现两个目标，一是利用企业意向标签数据，对智招优选模块企业选址意向进行准确性的辅助验证，并为进一步制定优化规则提出建议；二是筛选出选址需求更为确切的潜在招商企业，为招商人员提供线索。

以京津中关村科技城选址工作为例。目前，从平台智招优选模块中找到对天津有选址意向的 8148 家企业，开展电话询问工作。其中，公司 CRM 库中匹配有中高层领导联系方式的企业 5916 家，接通 2544 家，电话联系中有意向在京津中关村科技城选址的企业 270 家，希望近期详谈的企业有 87 家。由此可计算出本案例中智招优选企业数转化为有联系方式的企业数的转化率为 72.6%，有联系方式的企业名单转化为接通电话的企业名单的转化率为 43%，接通电话的企业名单转化为有意向在京津中关村科技城选址的企业的转化率为 10.6%，有意向在京津中关村科技城选址的企业转化为希望详谈的企业的转化率为 32.2%。由于电话询问的结果中有 10.6% 接通电话的智招优选企业愿意在京津中关村科技城选址，并获得 87 家意向企业、12 家企业持续跟进、4 家企业考察签约、2

家列为储备项目，达到了预期效果。①

2. 混淆矩阵法

通过混淆矩阵检验的方法，查找一批企业历史对接反馈中有无选址需求，并查找建模结果中同一批企业有无选址需求，计算选址需求模型的准确度，并通过其 Lift 值得到该准确度的可靠性。如图 4 所示。

图 4　招商经理使用平台逻辑示意

资料来源：作者自制。

仍以京津中关村科技城为例，平台首先找到在公司 CRM 库里 34 家企业在天津有选址需求，即 P = 34；33 家企业在天津没有选址需求，即 N = 33；在平台模型中模型判断这 34 家企业中有 21 家企业在天津有选址需求，即 TP = 21；有 13 家在天津没有选址需求，即 FP = 13；在 33 企业中，模型判断 5 家企业在天津有选址需求，即 FN = 5；28 家企业在天津没有选址需求，即 TN = 28。则根据混淆矩阵检验得到的选址模型准确度达 73%，lift 值为 1.2，具体计算如下所示。

$$Accuracy = \frac{TP + TN}{TP + FP + TN + FN} = \frac{21 + 28}{21 + 13 + 28 + 5} = 73\%$$

---

① 数据来源：大数据产业组织服务平台及公司 crm 库。

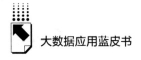

$$\text{Lift} = \frac{\dfrac{TP}{TP+FP}}{\dfrac{F}{P+N}} = \frac{\dfrac{21}{21+13}}{\dfrac{34}{34+33}} = 1.2$$

以上两种方法是进一步深化分析的重要基础。平台效果验证准确度保障了，那么推理其他指标所需要采用的用自然语言处理技术、舆情分析、相似企业模型等复杂技术的指标准确度也有保障。

（二）具体应用案例

1. 为京津中关村科技城提供产业招商服务

在为京津中关村科技城提供产业招商服务过程中，使用大数据产业组织平台智招优选模块的空间招商模型，对选择选址意向为天津的企业展开分析，获得8148家优质企业，完成对8148家模型推荐企业的电话陌生拜访，了解其对京津中关村科技城的落地投资意向，获得87家意向企业，94家已选天津其他地方，173家企业对本园区感兴趣并索要园区资料。最终本平台为招商团队推送了87家意向企业，12家企业持续跟进，4家企业考察签约，2家列为储备项目（见图5）。

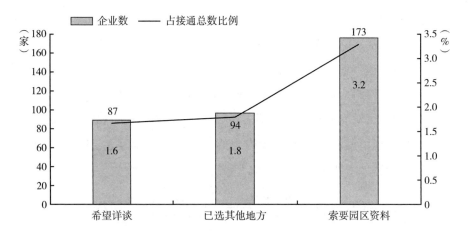

图5 陌生拜访结果示意

资料来源：作者自制。

2. 全国医疗器械生产企业的精准识别

在全国医疗器械生产企业的精准识别案例中，基于本平台的技术与数据，精准识别出约 1.5 万家全国医疗器械生产企业，并预测出约有 4.3 万家企业正在进行产品研发，短期内可能获得生产许可，为中关村医疗器械园、天津中关村医疗器械园中园的招商、孵化和投资提供了数据服务。具体医疗器械生产企业的筛选过程如下。

（1）数据准备

●样本数据采集。从视频药品监督管理局网站采集数据样本，总计 1.5 万条作为正样本；从全量企业库中筛选出 1.5 万条非医疗企业生产企业样本，作为负样本。

●特征提取。提取上述两类企业的企业名称、经营范围、行业分类标签、舆情等字段信息。

●不相关词过滤。比如经营范围中的地名、有限公司、被禁止经营的范围等。

●词向量抽取。使用 TF – IDF 抽取相应的词向量。

（2）模型搭建及验证

●模型选择。选择线性 SVM 模型。

●模型训练。随机选取医疗器械生产企业和非医疗企业各 80% 个数的企业作为样本，对其训练模型。

●模型验证。使用医疗器械生产企业和非医疗企业各自剩余 20% 的企业进行验证，得到准确率为 97%，召回率为 98%。

使用验证过的模型对全库企业进行分类，得到 1.5 万家医疗器械生产企业。基于本平台处理过的指标，比如行业分类标签、舆情等数据，可以更迅速地对数据进行深度处理，更有效准确地得到新的细分领域分类。

四 总结

本平台是以海量信息资源为基础，以产业组织为目标，以先进的大数据

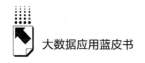

技术为手段，建立的一个起点高、功能强、信息丰富、综合的大数据产业组织平台。实现了下述三大目标。

（一）实现在产业组织方面搭建大数据技术基础平台及大数据建设的能力

本平台集成数据管理、数据采集、模型应用等板块，对海量数据进行爬取、存储、管理及建模，用大数据技术为公司产业研究、产业组织相关工作赋能。

•数据采集平台。实现千万数量级的网页数据采集、部署百余个爬虫采集点。

•数据管理平台。具备 TB 级数据存储能力，已使用 40GB；具有毫秒级数据查询速度；支持先行扩展。

•模型管理平台。集成多种机器学习算法模型、管理模型定时任务监测。

（二）实现招商企业的360度画像及智能评估

本平台通过内部业务数据接入、数据爬取、合作方数据推送、第三方 API 接入等方式，汇集了如下 4 类海量动态数据。

•包括工商信息、招聘信息、知识产权、地图 POI、财务数据、统计指标等 21 大类百余项的基础数据。

•包括行业新闻、披露公告、微博、头条号、微信公众号等 10 万条/天的舆情数据。

•包括行业标签、资质标签、招商评级标签、招商模式标签等 7 大类 185 项标签数据。

•包括中关村纳统企业信息、政策疏解企业信息、企业意向信息等 4 大类 206 项特色数据。

上述这些类别共有 80 余万家企业 400 多个维度的海量数据源，以企业工商登记全称作为唯一识别 ID，关联一家企业工商、财务、投融资、资质荣誉、新闻等多维数据，具体如图 6 所示。

图6 企业页面展示

- 工商信息。工商照面信息、股权结构、工商变更信息等。

- 财务指标。资产负债表、利润表、现金流量表等。

- 企业画像。产业领域、融资情况、企业资质、中关村资源、招商模式等。

- 对外投资。企业全国投资布局可视化、分公司列表、子公司列表等。

- 招商策略。招商推荐理由、推荐招商策略、评分雷达图、招商评级等。

- 招商舆情。战略布局、空间需求、资金需求、技术创新等。

- 关系挖掘。CRM联系人、政府关系、协会活动、联系方式、推荐招商路径等。

- 相似企业。同产业同地区同规模企业、同产业高分企业、高管投资任职等。

平台根据用户认知习惯，对企业信息进行重组、加工及展示，帮助招商人员在最快时间了解企业概况；搭建多因子评分模型，对企业招商的可行性、企业综合价值等维度进行量化评估，招商可行性及企业综合价值皆高的企业，招商评级为"优先招商"，辅助招商人员进行业务决策。

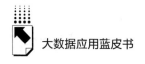

（三）实现招商线索的自动化捕捉及个性化推送

我们对海量数据进行如下关联聚合及数据挖掘，可以获得不同深度的结果，最终实现招商线索的自动化捕捉及个性化推送。平台进行个性化推送的后台逻辑如下。

• 使用机器学习与文本分类模型，从 2665 万余家工商注册企业中识别出高精尖产业领域企业共 90 万余家。

• 通过对企业舆情及多维数据的挖掘，发现企业在空间、资本等方面的发展需求，推荐匹配的招商模式，发现可能有需求的企业有 18 万余家。

• 从十个维度对企业招商可行性及综合实力进行打分评估，推荐匹配的招商策略，获得综合得分和招商可行都较好的优先企业共 1.5 万余家。

• 通过对企业投资选址、产能扩张等线索自动识别及实时监测，根据招商人员对产业领域、企业规模、资质荣誉、创新能力等方面的招商偏好，实现对不同招商人员的个性化推送，实现每日自动更新百余条个性化推送，辅助招商人员发现潜在招商目标并进行储备。

大数据产业组织平台汇集并处理了产业全方位的海量数据，运用了多种机器学习算法，较为有效地对企业进行分类、打分、招商评级等产业化处理，在产业组织工作方面对园区提供更有效的招商线索，同时得到了大量产业数据化的基础数据，便于后续对数据进行深度处理（见图 7）。

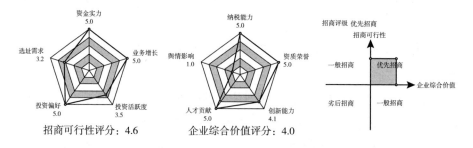

图7 招商可行性、企业综合价值雷达及招商评级四维

　　大数据产业组织平台将大数据用于产业组织工作的积极尝试，是产业组织工作信息化的关键突破。公司后续将在目前应用初见成效的基础上，扩充招商场景，提升搜索体验；打通招商闭环，实现数据回流；挖掘创业项目，新增人才招商场景，增加人物画像，搭建人脉网络。大数据产业组织平台将沿着纵向与横向推动产品演进、支撑产业组织全流程数字化和智能化的方向做好协同发展。

B.9

基于人工智能技术的大同政务服务
便民热线数智化升级实践

蔡俊武　甘志伟　王智慧*

摘　要： 大同市政府坚持"以人民为中心"的发展思想，以12345政务服务便民热线作为政务服务数智化升级的切入点，系统规划12345热线升级思路，厘清12345热线平台需求，搭建"4＋1＋1＋1"服务体系，推进技术与业务融合创新，建立顺畅科学的工作机制，构建了大同市12345政务服务便民热线"接诉即办"为民服务平台。通过技术创新与机制创新"双轮驱动"，大同12345热线初步建成了全市统一的民生诉求快车道，打造了7×24小时"不下班政府"的服务，搭建了有速度更有温度的"连心桥"，打通政府政务服务最后一公里，并将政务服务数智化升级推向纵深，为大同市推进政务服务转型升级、建设服务型政府打下了坚实基础，同时也为同类业务数智化升级提供了经验。

关键词： 人工智能　政务服务　12345热线　数智化升级

---

* 蔡俊武，山西省大同市人民政府信息化中心主任；甘志伟，京东科技集团数字城市战略咨询总监，中国管理科学学会会员，主要研究方向为战略规划与管理、数智化创新、系统分析与建模等领域；王智慧，京东科技集团数字城市晋蒙东三省市场总监。

一　引言

当今时代，第五代通信技术、人工智能、大数据、云计算等新一代信息技术快速变革，并深刻影响着各行各业。伴随着数字化、网络化、智能化进程不断加快，政务服务领域也将迎来新一轮的数字化建设浪潮。

党的十九大以来，党中央高度重视"数字中国"建设，并将其提升到国家战略高度。习近平总书记多次提出"提高和改善民生水平、加强和创新社会治理""让人民群众有更多获得感"；李克强总理多次部署加快推进"互联网＋政务服务"，在2021年政府工作报告中更是明确提出"实现更多政务服务事项网上办、掌上办、一次办"的工作要求①。政务服务改革正在推向纵深。

二　大同市政务服务建设情况分析

（一）大同市政务服务建设基本情况

大同市是山西省省辖市、山西省第二大城市，是国务院批复确定的中国晋冀蒙交界地区中心城市之一，总面积14176平方公里，据山西省第七次全国人口普查公报全市常住人口为3105591人。

近年来，大同市积极贯彻落实党中央、山西省战略部署，稳步推进智慧城市、数字政府等建设工作，大力发展及运用互联网、云计算、大数据等技术手段，开展了一系列实践探索，基础设施建设不断完善、政务服务水平不断提升、数字化发展环境明显改善。

2020年9月，大同市政府办公室印发了《大同市加快数字政府建设实

---

① 李克强：《政府工作报告——2021年3月5日在十三届全国人民代表大会第四次会议上》，中华人民共和国中央人民政府网站，2021年3月5日，http：//www.gov.cn/guowuyuan/zfgzbg.htm。

施方案》；在市级层面组建了数字政府建设工作专班，专门负责组织协调、统筹安排全市信息化建设；挂牌成立了市数字政府服务中心，承担建设数字大同、提升社会治理水平、保障改善民生的重要职责。当前，大同市正在不断强化大数据统筹管理，完善政务服务基本应用，加快提升一体化在线政务服务平台功能，建立政务服务网上评估评价体系，加快建设全市统一12345政务服务便民热线平台。

大同市正在向着"打造具有大同特色的'数字政府'，推进政府治理体系和治理能力现代化，努力建设人民满意的服务型政府"的目标大步迈进。

（二）大同市政务服务便民热线现状分析

大同12345政务服务便民热线，是大同市政府将全市各职能部门超过30条政务热线统一归并的一条政务热线，是政府倾听市民心声、为民服务的重要通道。自2014年大同在全省率先开通12345政务服务便民热线以来，累计受理群众诉求250万件，热线日均受理量在2500件以上，最高日受理量达3603件。市级政务服务便民热线受理大厅目前拥有42个坐席，把市场化运作方式引入专业坐席服务，4班倒24小时统一受理群众的咨询、求助、投诉举报及意见和建议。各区县主要使用中心12345政务服务便民热线系统，除一个区网络覆盖区直部门及街道外，其余区县暂未覆盖直属部门及街乡镇，仍以线下、人工等方式进行工单流转处置。

基于大同市12345政务服务便民热线多年运行经验，立足群众需求，以"以解决好市民问题为中心"的理念为指引，从业务需求、用户需求、数据需求、设施需求、性能需求、安全需求等多个维度进行全面调研、分析梳理，初步厘清了大同市12345政务服务便民热线数智化升级需求。

• 业务需求：以"接诉即办"为主线，包括多渠道反馈诉求、市级统一受理，运用智能辅助技术、提高坐席受理效能，采用智能质检技术、提升精细化管理能力，支持多层级、多维度考核评比，建立信息报送常态化机制，大数据支持领导挂图作战，建立知识库管理体系等等。

• 用户需求：梳理多级用户差异需求，包括坐席人员、区县转办人员、市区各级处办人员、督办专员、区县领导、市委市政府领导等不同需求进行分级分类整理。

●数据需求：平台建设和运行过程中，涉及的业务数据、多媒体数据、知识库数据、舆情数据等，通过实际采集数据量测算，充分考虑数据库设计等多种因素，结合现有业务系统建设经验，测算数据存储基本需求。

●设施需求：基于平台建设数据等需求测算，进而匹配平台建设所需的服务器、网络、安全、话务专业设备、云平台、数据库管理软件等软硬件资源。

●性能需求：一是满足实用性、稳定性、扩展性等基本性能的需求；二是支撑交互类、查询类、即时统计类等应用系统性能的需求；三是综合考虑平台并发用户使用的需求；四是支持 7×24 小时不间断运行可靠性的需求。

●安全需求：按照国家、山西省、大同市对政务信息系统安全保障的要求，加强物理安全、网络安全、系统安全、应用安全、数据安全和管理安全等安全保障体系建设，并做好相应的等级保护。

三　12345热线成为大同市政务服务数智化升级切入点

党中央强调"以人民为中心"的发展思想，大力推进"互联网＋政务服务"；国务院办公厅于 2020 年 12 月印发了《关于进一步优化地方政务服务便民热线的指导意见》，提出加快推进除紧急热线外的政务热线归并为12345 热线，加强热线能力建设，方便企业和群众反映诉求建议①；山西省委、省政府提出"一条热线管便民"改革要求，在《关于印发山西省加快数字政府建设实施方案的通知》中明确提出"整合非紧急类政务服务便民热线，贯通各市政务服务便民热线，构建全省统一的'12345'政务服务咨

---

① 国务院办公厅：《国务院办公厅关于进一步优化地方政务服务便民热线的指导意见》，国办发〔2020〕53 号，2021 年 1 月 6 日，http：//www.gov.cn/zhengce/content/2021－01/06/content_5577419.htm。

询投诉举报处置体系，实现'一号对外、多线联动'"①。大同市委、市政府高度重视12345热线体制机制改革，并将大同12345政务服务便民热线"接诉即办"为民服务平台列入2020年市政府民生实事项目，写入市政府工作报告，作为全市的重点任务来抓。

推进大同市12345政务服务便民热线数智化升级逐渐成为必行之举，主要动因如下。

（一）政策导向

治理体系和治理能力现代化是数智化升级的政策导向。党的十九届四次会议提出"推进国家治理系统和治理能力现代化"的总体要求，推动社会治理和服务中心向基层转移，让更多资源下沉到基层，为人民群众提供更加精准、精细的服务。长期以来，政务指令自上而下层层递减、群众声音自下而上层层减弱的现象越来越突出，让政务服务归回本来职能的导向越来越明显。坚持"以人民为中心"的发展思想，解决老百姓最关心、最直接、最现实的问题和诉求，做好"民有所呼、我有所应、接诉即办"，打通服务群众的最后一公里尤为重要。

（二）行业趋势

推动政务服务数智化创新是行业新趋势。"数字中国"战略持续加码，数字基建、数字政府、数字经济、数字社会等成为2021全国两会及地方两会的高频词、关键词。推进政务服务数智化创新成为越来越多地方政府加强数字政府建设、提升数字化治理能力的新选择。12345政务服务便民热线是联系服务群众的重要纽带和重要抓手，政务服务数智化创新方面将大有作为。

（三）现实需求

推进大同12345优化整合是现实需求。近年来，大同市政府相继出台了

---

① 山西省人民政府办公厅：《山西省人民政府办公厅关于印发山西省加快数字政府建设实施方案的通知》，《山西省人民政府公报》2019年第12期，第37~42页。

系列"接诉即办"工作实施文件，其中《中共大同市委、大同市人民政府关于优化大同市12345政府服务热线推行"接诉即办"十项工作措施（试行）》中明确要求"对本市现有12345政府服务热线硬件系统和软件系统进行改造升级"。推进大同12345优化整合，将进一步保证工单流转实现市级、区县、直属部门及街乡镇的全覆盖，建立平台统一受理、分级派单处置的工作机制，持续提升为民服务水平，让人民群众更有获得感。

作为连接群众与政府的桥梁——大同市12345政务服务便民热线数智化升级步伐持续提速，已然成为大同政务服务数智化升级的切入点。

四 推动人工智能技术在大同市12345热线场景落地探索

（一）人工智能技术快速发展为推进政务服务数智化升级准备了条件

提出人工智能已经过了几十年，但最近几年人工智能技术有了爆发式的增长。受益于大数据、云计算、物联网、区块链等新一代信息技术的快速发展，在驱动本专业技术更新迭代的同时也进一步激发了人工智能技术的创新与应用。以云计算为例，不止为人工智能技术提供了开放平台，同时提供了算力支撑，进而驱动人工智能技术快速发展[①]。多种领先技术的深度融合与创新，使人工智能技术发展迈出了重要一步，而这些都为推进政务服务数智化升级准备了条件。

（二）地方政府政务服务数智化升级为人工智能技术提供了场景应用

以12345政务服务便民热线为例，由于整合了大量便民服务热线，且热

---

① 钱奇、张晓慧、闫海峰：《人工智能在电力服务领域中的应用前景》，《能源与环保》2021年第2期，第83~88页。

线工作为 7×24 小时全天候服务，热线服务过程中面临着如下几大难点：一是电话呼入数量急剧增多，人工客服难以及时处理；二是热线涉及知识门类广，人工客服无法进行全面到位的服务；三是市民对于问题归类不清楚，容易在原地"绕圈子"。推动 12345 政务服务便民热线数智化转型升级已成为重要方向，而在政务服务数智化转型升级的过程中，大量政府业务在依托人工智能、大数据等新一代信息技术数字化、智能化改造的同时也开放了大量应用场景，反向驱动人工智能技术与政府业务融合发展。

（三）基于人工智能技术推动大同市12345热线数智化升级探索

京东集团定位为"以供应链为基础的技术与服务企业"，是世界 500 强企业，业务涉及零售、科技、物流、健康等众多领域。京东科技是京东集团旗下专注以技术为政企客户服务的业务子集团，致力于为政府、企业、金融机构等各类客户提供全价值链的技术性产品与服务。自 2018 年 5 月大同市人民政府与京东集团达成战略合作以来，双方在基础设施、数字政府、乡村振兴、电商产业等领域合作取得阶段性成果，其中基于京东科技人工智能技术推动大同 12345 政务服务便民热线数智化升级就是双方合作的重大成果之一。

依托人工智能、大数据等新一代信息技术，构建大同市 12345 政务服务便民热线"接诉即办"为民服务平台，提供智能语音受理、智能语音转写、智能派单、智能办理、智能分析等一站式智能化客服服务[①]，实现智能化的多渠道诉求受理、上下联动的闭环处置，实现群众反馈诉求快速接听，打造全响应、全感知、全服务的综合性平台，有效畅通诉求渠道、倾听民声民意，及时解决问题，架起了党和政府贴近群众、服务群众的桥梁。

（四）12345热线数智化升级的思路

1. 统筹规划，上下联动

12345 政务服务便民热线涉及范围较广、建设规模较大、业务事项处

---

① 山西省人民政府办公厅：《山西省人民政府办公厅关于印发山西省加快数字政府建设实施方案的通知》，《山西省人民政府公报》2019 年第 12 期，第 37~42 页。

办、考核等较为复杂，需做好统筹考虑、整体规划、顶层设计，要注重体系化、系统化建设，有计划、有步骤地推进实现信息化与业务融合发展，加强制度衔接，有效整合各方资源，促进上下联动，构建一体化协同机制。

2. 依托标准，规范建设

平台整体的设计、开发、实施等按照"一切从实际出发"的基本原则，充分依托国家及山西省、大同市各级政府的政策要求及行业规范，确保合理、合法、合规。

3. 充分利旧，深化应用

考虑到原有 12345 政务服务便民热线系统的成果，将多年来系统积累的历史数据进行有效整合，把原有的数据从原有机房环境中迁移至云平台，在有序组织数据的同时更好地展现，注重核心数据的深化应用建设，为决策管理人员提供可视化、科学严谨的决策依据。

4. 科学考核，长效运行

建立科学合理的"接诉即办"考核体系，保障平台顺利运营，使平台的优势和作用充分释放，确保大同市 12345 政务服务便民热线"接诉即办"为民服务平台长效运行。

5. 数智引领，集约高效

以"为民服务"为终极目标，推动人工智能、大数据等新一代信息技术与大同市 12345 业务融合发展，通过先进、成熟技术的集成应用大大提高专业部门处置、服务民生问题的效率，同时将经济可行性作为重要参考，促进平台健康、高效发展。

6. 安全防护，可靠可信

充分考虑到信息安全系统建设的完整性，针对平台制定安全制度规范、数据共享标准、建立运行管理机制等，搭建全方位、立体化的安全防护体系。

（五）搭建"4＋1＋1＋1"服务体系

按照"一号通""一快三直"的要求，以需求为导向，推进大同市 12345 政务服务便民热线"接诉即办"为民服务平台建设，搭建"4＋1＋1＋1"服

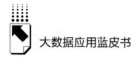
务体系，即四层体系架构、一套标准规范体系、一套对外接口体系、一套运维服务体系（见图1）。

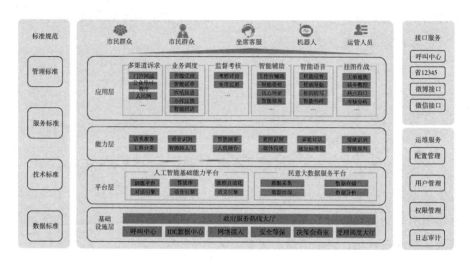

图1 大同市12345政务服务便民热线"接诉即办"为民服务平台架构

1. 基础设施层

为平台基础运行提供所需的硬件设备、网络及工作场所，包括呼叫中心、IDC、网络接入专线、决策会商室、受理调度大厅及市民热线中心等。

2. 平台层

主要为上层能力平台提供基本的组件，包括人工智能基础能力平台（提供基础训练平台、算法库、对话引擎、语音引擎、语义引擎、流程自动化等AI一体化处理组件）、民意大数据服务平台（为大数据分析及数据展现提供基础的数据管理）两部分。

3. 能力层

为满足业务应用提供话术推荐、工单分类、语音识别、智能转人工等各种能力输出，在能力层对能力进行统一管理和聚合，即对业务支持相关的语音语义处理能力和工单处理能力进行集成。

4. 应用层

面向业务应用场景，提供多渠道诉求、业务调度、监督考核、坐席辅助、智能语音、挂图作战等应用服务。

5. 标准规范

按照相关要求建立统一的管理标准、服务标准、技术标准、数据标准等规范体系，保障技术体系架构的标准化、数据模型的标准化，以及整体流程、服务标准的统一。

6. 对外接口

开放标准化接口，满足呼叫中心、省 12345 热线、微博、微信等多种渠道接入需求，向政府网站、互联网平台等提供对外服务。

7. 运维服务

通过统一的运维平台，确保系统日常运行配置调整、角色权限管理、异常查处等基础工作的开展。

（六）技术引领12345热线数智化升级

在推进大同 12345 热线数智化升级过程中，广泛引入行业领先的智能人机交互、多模态知识融合等新一代人工智能技术，促进了技术与业务的融合发展，打造全响应、全感知、全服务的综合性平台，提高效率的同时，降低运营成本、提升用户体验（见表1）。

表1 12345 热线数智化升级应用的人工智能关键技术示例（部分）

序号	关键技术	内容简介
1	机器学习技术	利用计算机算法等解析数据,通过训练、学习实现对真实世界事件预测、决策
2	自然语言处理技术	融合语言、数学、计算机等科学,以自然语音方式实现人与计算机有效通信
3	语音识别技术	语音转文本,实现特征抽取、知识建模、语音解码等
4	语音合成技术	文字转语音,实现语言处理、韵律控制、语音合成等
5	语音增强技术	实现语音降噪,增强语音识别性能
6	智能人机交互技术	实现深度语音语义理解,通过情感识别等准确把握人的意图,进而辅助决策
7	多模态知识融合技术	实现语音、文本等多种模态知识融合,直接与人进行交互

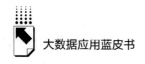

（七）实现12345热线服务智能化

大同市12345政务服务便民热线业务处理过程总体分为多诉求来源整合、四级联动处置、挂账督查督办、目标考核奖惩及领导驾驶舱。如图2所示，12345政务服务便民热线"接诉即办"为民服务平台依托基础设施层、平台层面向12345业务提供智能机器人、大数据分析研判、知识库、地理信息、工作流、AI、认证权限等基础服务的能力支撑，打造全响应、全感知、全服务的综合性平台。

1. 全响应

有效整合12345政务服务便民热线、微博、微信、QQ、人民网地方留言板、短信等多种渠道，借助智能在线机器人为市民提供7×24小时在线应答服务，实现民众诉求的统一受理；基于智能人机交互等人工智能技术形成工单标准输出，并精准推送至市、县、乡、村"四级联动"体系，实现"民有所呼、我有所应、接诉即办"。

2. 全感知

依托机器学习、自然语言处理等人工智能技术，为坐席人员提供智能辅助系统，大幅提升话务员工作效率；通过智能语音识别、智能语义理解等先进技术进行联合建模，有效识别方言，确保顺畅沟通；同时，借助智能情感客服等技术准确识别民众情绪，为老百姓提供更有温度的贴心服务。

3. 全服务

面向12345政务服务便民热线服务过程中的接诉整合、工单受理、派单调度、联动处置、督查督办、考核奖惩、辅助决策等重点场景提供全方位服务，并建立知识库系统实现知识沉淀、归集及动态更新，支撑12345政务服务便民热线高效持续运行。

（八）实现上下联动的闭环处置

坚持"以人民为中心"的发展思想，从群众的需求和诉求出发，推进为民办事常态化、规范化、机制化，大同市持续优化12345政务服务便民热

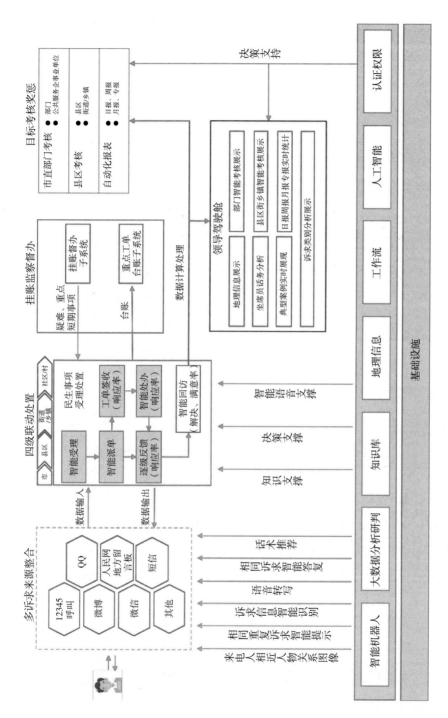

图 2　大同市 12345 政务服务便民热线"接诉即办"为民服务平台业务架构

175

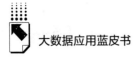

线"接诉即办"工作机制，积极创新工作方式，建立科学严谨的工作机制（见图3）。

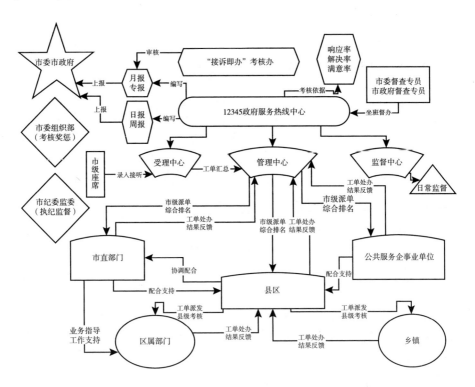

图3　12345 政务服务便民热线"接诉即办"工作流程图

一是整合资源，推行"12345 一直三快"工作法。落实省委、省政府"一条热线管便民"的改革要求，依托市 12345 政府热线中心，整合人民网"领导留言板"、两代表一委员等交送事项纳入"接诉即办"内容，设立专席，及时处理相关诉求，搭建民生诉求快车道，同时实施疑难事项"直报领导"、普通诉求"直派窗口"、热点诉求"直击现场"，实现 12345 一线受理。

二是党政联动，推行"接诉即办"十项工作措施。建立 12345 政务服务便民热线市级联席会议制度，推行领导点评研判制、干部包联责任制、信息反馈"四报"制（四报即日报、周报、月报、专报）、进驻督办坐班制、工单首接责任制、"三率"专项测评制（三率即响应率、解决率、满意率）、清单管理台账制、定期排名审核制、承诺挂账销号制、目标考核问责制等"接诉即办"十项工作措施。

三是上下协同，强化为民服务快速响应各项保障。加强12345政务服务便民热线机构建设，实行统一受理、分级派单工作制。市直、县（区）根据地域管辖和工作职责，发挥好县区属地管理"统"的作用，以及市直职能部门业务领域"专"的优势，条块结合、权责明晰、层层负责，协同解决问题。

五　大同市12345政务服务便民热线数智化升级的实践成果

（一）初步建成全市统一政府服务快车道

依托大同12345政务服务便民热线实现人民网"领导留言板"、两代表一委员、市级领导短信、网络信息、初信初访等多种民生诉求渠道整合，统一纳入12345热线平台，将全市各职能部门服务投诉热线统一整合为12345一条热线，初步建成全市统一民生诉求快车道，高效落实了国家、省级、市级关于推进优化地方政务服务便民热线的重大部署，初步建成全市统一民生诉求快车道。

图4　大同市政府服务快车道

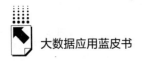

（二）"智能化提速"打造7×24小时"不下班政府"

大同市携手京东科技，基于新一代人工智能技术推进市 12345 政务服务便民热线数智化转型，共同构建大同市 12345 "接诉即办" 为民服务平台，打造全响应、全感知、全服务的 7×24 小时 "不下班政府"，实现坐席应答效率 "智能化提速"，同时节约了资源成本，提升了市民满意度。

相比平台数智化升级前，大同 12345 政务服务便民热线日均呼入总量从原来约 2500 通跃升至超过 5000 通；最高峰呼入超过 7000 通，溢出部分均有人工智能机器人接待，日均有效诉求提升 33.6%，基本消除了市民呼入热线长时间排队等候的现象①。

（三）搭建有速度更有温度的"连心桥"

大同本地市民多说方言为智能客服提出了难度更高的挑战。大同 12345 热线平台通过运用智能语音识别、智能语义理解等先进技术进行联合建模，同时适配方言和口音，并通过机器学习等技术持续积累、迭代，实现了大同 12345 热线智能客服与市民的无界沟通。

此外，曾在 2020 年初发挥重要作用的智能情感客服技术也在大同 12345 政务服务便民热线中得到广泛使用。当市民接入大同 12345 政务服务便民热线进行交流时，智能客服机器人可以实时识别市民的声调、语气等变化进而感知情感变化，提供更加贴心的客服服务，与市民心有灵犀。依托人工智能技术，在推进大同 12345 政务服务便民热线 "提速" 的同时，也让热线服务更有温度，搭建起了党和政府贴近群众、服务群众的 "连心桥"。

（四）"惠企便民"打通政府政务服务"最后一公里"

大同 "12345" 政务服务便民热线数智化升级后，为每一位人工坐席配

---

① 《12345 政府服务热线完成智能化升级》，大同市人民政府网，http://www.dt.gov.cn/dt12345/rxdt1/202104/cf3e9318b0134da7a907866425afbdb0.shtml。

备了"智能助理",通过智能人机协同,实现对企业、市民诉求的快速响应,单次服务时长缩短了31.2%,有效畅通诉求渠道、倾听民声民意,及时解决问题①。

当前大同市12345政务服务便民热线不仅接入了市民关心的公积金、社保等服务,也接入了企业关注的税务、工商等业务,涉及知识门类众多、专业性强、覆盖面广。依托人工智能技术,大同市12345政务服务便民热线建立了智能化知识库,实现了对政策法规、行业知识、业务规范等分门别类整理,在市民或企业咨询时帮助客服人员快速调用、智能推荐,缩短了服务时间,提升了热线服务的专业性和准确性,打通了政务服务的最后一公里。

(五)"改革创新"推进政务服务数智化"走向纵深"

对标北京"接诉即办"先进经验,大同市委将热线体制机制改革列入十项深化改革任务,政府工作报告将"接诉即办"列入市政府十件民生实事。大同市依托智能化平台持续优化提升12345热线服务工作,做到"民有所呼、我有所应、接诉即办"。

大同12345政务服务便民热线稳步推行"接诉即办"十项工作措施,坚持日研判、周报告、月排名、季分析,推动"接诉即办"工作往深里走、往实里走,热线响应率、解决率、满意率大幅提升,解决了大量群众的操心事、烦心事、揪心事,深刻践行了"以人民为中心"的发展理念,将大同市政务服务数智化升级工作推向纵深发展。

下一步,大同市12345政务服务便民热线将持续推进自我更新,强化人工智能等新一代信息技术与热线业务的深度融合,深挖热线知识体系,对热点、群体、突发不稳定等问题实时预判预警,全面了解市情民情、深度倾听百姓心声,为市委、市政府科学精准施策提供决策支撑;不断优化热线工作机制,落实以三率考核为抓手,不断提高响应率和解决率,努力提升群众满

① 《"懂方言""辨情绪",这是一个有温度的政务热线!》,大同市人民政府网,http://www.dt.gov.cn/dt12345/rxdt1/202105/1da7e12578234851a987e3fa49a81acf.shtml。

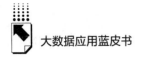

意度；以 12345 政务服务便民热线数智化升级为契机，推进全市政务服务转型升级，为建设人民满意的服务型政府做出贡献。

六　结语

　　大同市政府以 12345 热线作为政务服务数智化升级切入点，坚持"以人民为中心"的发展理念，系统规划 12345 热线升级思路，厘清 12345 热线平台需求，搭建"4＋1＋1＋1"服务体系，推进技术与业务融合创新，建立顺畅科学的工作机制，构建大同市 12345 政务热线"接诉即办"为民服务平台。通过对大同 12345 政务服务便民热线数智化升级，实现民众诉求的统一受理，初步建成全市统一政府服务快车道；日均呼入总量从原来约 2500通跃升至超过 5000 通，最高峰呼入超过 7000 通，日均有效诉求提升 33.6％；借助智能情感客服等技术，在助力大同 12345 热线提速的同时也帮助其变得更有温度；通过智能人机协同，实现对企业、市民诉求的快速响应，单次服务时长缩短了 31.2％；同时，稳步推行"接诉即办"十项工作措施，将全市政务服务数智化升级工作推向纵深发展，努力建设人民满意的服务型政府，推动数字政府建设再上新台阶。

探 究 篇

Analysis

B.10
基于深度学习的城市道路速度预测

王 仲　刘贵全*

摘　要： 国家经济和社会生产力的发展贯穿人们生活的各个层面。代步工具的研发和使用是人类文明和发展的必然趋势，根本动力来自人类对便捷生活的追求。人们沉浸在购买和使用汽车带来的喜悦中，但随之而来的社会影响也不容忽视。交通流量剧增导致道路拥堵现象频发，道路交通在如何保证安全同时又提高通行效率的问题上面临着严峻挑战，因此智能交通系统的发展刻不容缓。基于深度学习方法对智能交通系统中的道路速度预测任务进行研究，提出了基于图注意力网络的道路速度预测算法。该算法首先利用循环神经网络学习当前道路的路况信息，接着利用建模邻居道路的短期路况特征和

---

* 王仲，中国科学技术大学硕士，主要研究方向为机器学习、智能交通大数据；刘贵全，中国科技大学计算机系副教授，中国人工智能学会人工智能基础专业委员会委员、机器学习专业委员会委员。主要研究方向为机器学习、智能信息处理与挖掘、互联网信息抽取及深度搜索与挖掘。

长期路况特征，再建立模型使用图注意力网络权衡邻居道路的影响进行目标路段的速度预测，使用真实交通数据集中验证了算法有效性。

关键词： 道路速度预测　深度学习　图注意力网络　智能交通系统

一　深度学习在智能交通领域的应用背景

据统计，截至 2020 年底，全国有 70 个城市的汽车保有量超出了 100 万辆①。如图 1 所示，为保有量超过 300 万辆的 13 个城市，可以看出，北京、成都和重庆的汽车保有量超过了 500 万辆。人类不断地研发和使用代步工具，是文明和发展的必然趋势，根本动力在于对美好便捷生活的追求。公共服务的普及加快了国家城市化的进程，是现代社会经济发展的重要助力。然而，随着城市交通出行量的持续增长，道路资源有限导致交通拥堵现象频发，传统的交通模式已经不能满足出行要求，智慧城市的浪潮不断向前推进。

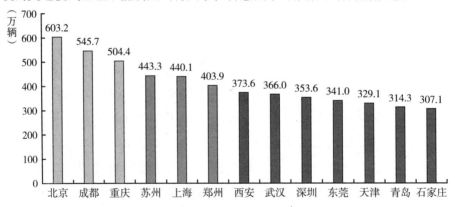

图 1　截至 2020 年底汽车保有量超过 300 万辆的城市

---

① 《全国机动车驾驶人达 4.56 亿 70 个城市保有量超百万辆》，中国新闻网 https://www.chinanews.com/gn/2021/01 - 07/9381305.shtml。

智慧城市的发展就是把信息技术与城市建设融合在一起，贯穿于人们生活的各个层面，智能交通系统（Intelligent Transportation System，ITS）是最受关注的一个分支。在世界经济迅速发展的几十年中，交通运输的安全性和机动性备受关注，在全力促进可持续交通发展和提高生产力的同时考虑到对环境的影响，智能交通系统建设得到了迅速部署。交通预测是智能交通系统最具挑战性的部分之一，在给定一系列历史交通状态和道路网络拓扑结构的情况下，能预测路网未来时刻的交通状态。城市道路网络各个固定卡口的数据采集设备使得交通流数据以一定的时间间隔被连续采集，产生了大量交通数据。设备在不同时间戳下采集的数据记录中蕴含的时空相关性使得交通流预测成为一个典型的时序数据预测问题。迄今为止，已有多种理论和方法用于交通预测。

（一）基于传统神经网络的交通预测

神经网络具有自学习和自适应的能力，因此适用于短期交通流预测。SAE[①]首次使用在智能交通领域引入深度学习，提出了嵌入堆叠自编码器框架进行预测，并使用逐层贪心算法训练深度网络，实验表明，SAE 在精度和稳定性上优于其他算法，但训练所需的时间较长。ST-ResNet[②]是同时对交通路网的人群流入和流出进行综合预测的模型，考虑到日常交通行为数据中表现出的邻近性和趋势性，模型利用基于卷积神经网络（Convolutional Neural Network，CNN）[③]的残差单元分别对城市区域之间远近距离的空间依赖性进行建模。STDN[④]指出

① Rose Yu, Yaguang Li, Cyrus Shahabi et al., "Deep Learning: A Generic Approach for Extreme Condition Traffic Forecasting", in *Proceedings of the 2017 SIAM International Conference on Data Mining*, 2017: 777 – 785.

② Junbo Zhang, Yu Zheng, Dekang Qi, "Deep Spatio-Temporal Residual Networks for Citywide Crowd Flows Prediction", in *Proceedings of the Thirty-First AAAI Conference on Artificial Intelligence*, 2017: 1655 – 1661.

③ Yoon Kim, "Convolutional Neural Networks for Sentence Classification", in *Proceedings of the 2014 Conference on Empirical Methods in Natural Language Processing (EMNLP)*, 2014: 1746 – 1751.

④ Huaxiu Yao, Xianfeng Tang, Hua Wei et al. "Revisiting Spatial-Temporal Similarity: A Deep Learning Framework for Traffic Prediction", in *Proceedings of the AAAI Conference on Artificial Intelligence*, 2019: 5668 – 5675.

区域间的空间依赖性是动态变化的，交通数据虽然表现出每日、每周重复的模式，但却不遵循严格的周期性，因此文中首次提出了统一的模型框架捕捉空间相似性和时间规律性，并在两个大规模数据集上验证了模型的预测效果。CNN-based[①] 提出从 GPS 定位数据中提取时空关系并融合到时空矩阵中，时空矩阵的 x 轴代表时间维度，y 轴代表空间维度，一个矩阵构成了图像中的一个通道，不同天数的路网交通数据便构成了多个图像通道，然后使用 CNN 进行交通抽象特征提取和全路网的速度预测。刘明宇等人[②]使用门控循环单元神经网络（Gated Recurrent Neural Network，GRU）对短时交通流进行预测，取得了不错的预测结果。基于传统神经网络的交通流预测方法，一般都是使用单个或组合的 CNN 和循环神经网络（Recurrent Neural Network，RNN）网络，忽略了对交通路网 d 拓扑结构的建模处理。

（二）基于图卷机网络的交通预测

常规 CNN 只适合处理网格数据，如图像视频等，而真实的交通网络通常是图结构数据。目前，有两个基本方向正在探索如何将卷积操作推广到图结构。分别是扩展卷积空间定义和利用图的傅里叶变换在光谱域中进行操作的图卷积神经网络（Graph Convolutional Neural Network，GCN）。前一种方法将顶点重新排列成特定的网格形式，这些网格可以通过常规的卷积操作来处理。后者引入了频谱框架，将卷积应用于频谱域，通常称为频谱图卷积。李亚光教授首次将图神经网络（Graph Neural Networks，GNN）应用于交通领域[③]，使用双向图随机游走学习空间依赖性和循环神经网络捕捉时间动态

---

① Xiaolei Ma, Zhuang Dai, Zhengbing He et al. , "Learning Traffic as Images：A Deep Convolutional Neural Network for Large-Scale Transportation Network Speed Prediction", *Sensors*, 2017, 17 (4)：818.

② 刘明宇、吴建平、王钰博等：《基于深度学习的交通流量预测》，《系统仿真学报》2018 年第 11 期。

③ Yaguang Li, Rose Yu, Cyrus Shahabi et al. "Diffusion Convolutional Recurrent Neural Network：Data-Driven Traffic Forecasting", in *6th International Conference on Learning Representations*, ICLR 2018.

性，然后使用编码－解码架构进行交通流量任务预测，文中通过大量实验验证了该方法的预测结果优于选择的对比模型。随后，越来越多的基于图卷积网络的交通流预测框架被提出。ASTGCN[1] 是端到端的预测模型，通过处理原始的交通网络数据，得到路网中每个位置的交通流量，模型同时考虑交通网络的图结构和交通数据的动态时空特性，采用 GCN 和注意力机制对网络结构的交通数据进行建模，它不仅能够解决交通领域的流量预测问题，而且可以应用于更一般的时空序列学习任务。学习交通网络拓扑结构的先验知识可以帮助模型更好地依赖学习空间，因此涌现出大量工作集中于预定义交通图和设计复杂的图模型架构。AGCRN[2] 指出这些工作繁杂且效益颇微，学习每个节点特定的模式对交通任务的预测更有意义，模型设计了两个自适应模块，结合循环神经网络自动捕获交通流序列中的时空相关性。实验表明，相较于选取的对比算法，AGCRN 具有更高的准确性和更快的收敛性。

二 交通时空关系建模方法概述

现有的大多数工作都是基于循环神经网络和卷积神经网络等多个模型组合进行交通时空特征的捕捉，进而实现对下游任务的预测。

（一）循环神经网络

循环神经网络是一个映射序列到序列的非线性动力系统，虽然 RNN 和前馈神经网络之间的构造方式只存在微小差别，但却对序列模型有很大的影响。从理论层面，RNN 可以将每个时间步的输入映射到输出。循环神经网络最突出的优点是可以结合上下文信息进行输入和输出序列之间的映射，使

① Shengnan Guo, Youfang Lin, Ning Feng et al. , " Attention Based Spatial-Temporal Graph Convolutional Networks for Traffic Flow Forecasting ", in *Proceedings of the AAAI Conference on Artificial Intelligence*, 2019：922 – 929.

② Lei Bai, Lina Yao, Can Li et al. , " Adaptive Graph Convolutional Recurrent Network for Traffic Fore-casting ", in *Advances in Neural Information Processing Systems 33* （*NeurIPS 2020*）.

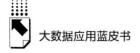

得 RNN 能适用于多种实际场景。例如对于短时交通预测任务来说，邻近时刻的路网信息对预测时刻的路况具有重要参考价值。

图 2 表示一个 RNN 展开成完整网络的过程。假设网络的输入是一个包含了 8 个时间间隔的交通流信息，那么 RNN 将包含 8 层神经网络，每个间隔的交通流信息对应一层。RNN 的计算的具体过程为：

1. x_t 代表第 t 个时间间隔的输入。例如，x_1 可以是独热向量表征，表示第二个时间间隔的交通流状态。

2. s_t 代表第 t 个时间间隔的隐藏层状态。相当于 RNN 中的记忆细胞，是根据之前的隐藏状态和当前步骤的输入进行计算，更新公式为：

$$s_t = F(U x_t + W s_{t-1})$$

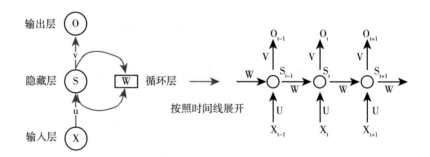

图 2   RNN 计算

其中，$F(\cdot)$ 通常是非线性函数，如 tanh 或 ReLU，网络计算第一个隐藏状态向量 s_{t-1} 时，一般初始化为零。

3. O_t 代表第 t 个时间间隔的输出，若表示概率向量，则 $O_t = \text{softmax}(V_{st})$。

随着深度学习的发展，RNN 在语音识别、语言建模、情绪识别等应用都卓有成效，但在 RNN 的使用中依然有需要注意的地方。首先，如图 2 所示，标准的 RNN 结构在每个时间步骤都有输出，但根据任务的不同，具体过程也有所区别，在某些场景下，模型可能只关心最终的输出结果（情绪识别等），类似的，对每个时间步的输入也并非不可或缺。其次，传统深度神经网络的训练过程中需要学习每层的参数，而 RNN 中的参数 U, V, W 是所有步骤中共享的，因为 RNN 的本质是对不同时间步的输入元素执行相同的任务，这大大减少了模型需要学习的参数总数。最后，隐藏层状态可以类比为网络中的内存，捕获了在前面所有时间步骤中发生的重要信息，而第 t 个时间步的输出仅依赖于当前时间步的记忆单元计算。在实际运用中，情况往往会更加复杂，s_t 通常不能获取到距离较远时间步的有效信息，而且存在梯度消失和梯度爆炸的问题，因此，RNN 的变体长短期记忆网络（Long Short-term Memory，LSTM）、门控循环单元（Gated Recurrent Unit，GRU）等更受学者青睐。

（二）卷积神经网络

CNN 最初是在计算机视觉中引入的，后来被证明适用于许多领域，如自然语言处理、智能交通等。CNN 是受生物学启发的一种端到端的深度学习模型，输入原始的像素值得到最后的分类结果。图像的空间结构通过图层、参数共享和特殊的局部不变性构建神经元进行学习，分别与 CNN 中的局部过滤器、卷积和池化相对应，有效将传统网络中所需的特征工程和计算策略的工作转移到网络连接结构的设计和超参数选择中。局部连接的卷积层使 CNN 能够有效地处理空间相关的问题，池化层使 CNN 可以推广到大规模问题。因此，CNN 已经被广泛应用于学习交通流数据中的时空特征。图 3 展示了 CNN 模型结构。

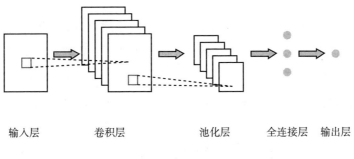

输入层　　　　卷积层　　　　　池化层　　全连接层　输出层

图 3　CNN 结构

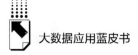

假设模型的输入是时间间隔数为 F 的历史数据，其任务是预测未来 P 个时间间隔的交通流状况。则 CNN 模型输入具有时空特征的交通网络生成规则数据的过程可以表示为：

$$x^i = [m_i, m_{i+1}, \cdots, m_{i+F-1}], i \in [1, N - P - F + 1]$$

其中，N 表示时间间隔总数，m_i 是一个向量，表示一个时间间隔内交通网络中所有道路的交通流参数。

交通时空特征的提取是卷积层和池化层的结合，是 CNN 模型的核心部分。假设池化过程用 Pooling 表示，L 表示 CNN 的深度，并分别用 x_l^j、o_l^j 和 (W_l^j, b_l^j) 表示第 l 层的输入、输出和可训练参数，j 是卷积层中通道数索引。l 层中卷积滤波器的个数为 c_l，则第 l 层的输出（$l = /1$，$l = 1$，$\cdots L$）可以表示为：

$$o^j = \text{Pooling}(\sigma(\sum_{k=1}^{c_{l-1}} (W_l^j) x_l^k + b_l^j)), j \in [1, c_l]$$

通过 CNN 提取的交通特征具有以下特性：卷积和池化是在二维空间中处理的，这部分可以通过模型训练中的预测任务来学习交通路网中路段的时空关系。在实际应用中，CNN 可以通过增加卷积层数来学得更多数据特征。

三 基于图注意力网络的道路速度预测

交通流预测可以分析城市道路交通状况，包括流量、速度和密度等多种参数，在智能交通系统和公共风险评估领域发挥了关键作用。道路速度预测是交通流参数的一个重要分支，不仅可以为交通管理者提前感知交通拥堵、合理安排限行提供科学依据，也可以帮助城市出行者选择合适的出行路线，从而为出行效率提供保障。一般来说，道路速度的目的是根据过往的观测序列值，预测未来时刻整个路网或特定道路的行驶速度。由于道路类型不同、速度突变和复杂的道路间的空间依赖性，使得交通速度预测成为一项具有挑战性的任务。

现有的模型框架通常基于对交通路网预定义的静态图，然而，在实际应用场景中，人们总是会偏好于选择畅通的路段行驶，造成了动态变化的交通环境。如图4所示，车辆当前处于道路A，行驶的目的地为图中的道路Z，对于模型的预测目标道路B来说，车辆会不会从道路A驶进道路B与其当前自身路况息息相关，若目标道路B处于十分拥堵的情形，则车辆大概率会选择驶进相对畅通的路段C通向目的道路Z。因此邻居道路节点对目标道路的影响与其自身交通状况存在动态依赖关系，预定义的静态图模式不适合在此场景中使用。

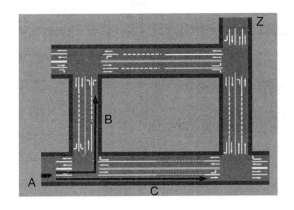

图4　场景示例

针对上述问题，我们提出了一个新的道路速度预测框架（Dynamic Graph Attention Network，DGAN），图5为DGAN的模型图。首先，DGAN使用RNN建模目标道路的当前交通状况信息。对于邻居路段，模型考虑构建其长期特征画像和短期特征画像，邻居路段的短期特征信息将其最近的特征序列输入RNN中进行编码，而邻居路段的长期特征通过嵌入层学习。其次，模型使用图注意力网络将当前道路的表征与其邻居路段的表征进行融合。DGAN在不忽略自身关键信息的基础上，通过目标道路当前的路况帮助权衡邻居路段带来的影响。最后，模型通过全连接层生成最后的预测值。

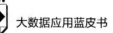

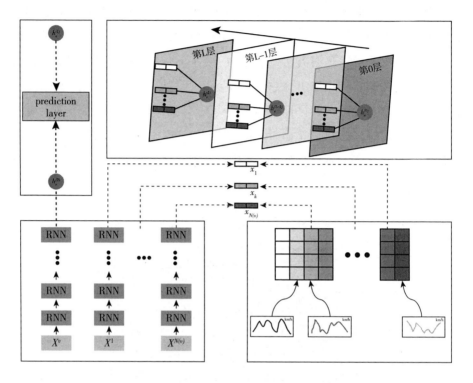

图 5　DGAN 框架

（一）道路动态信息

为了捕获路段频繁变化的路况信息，模型使用 RNN 建模目标路段历史的交通流序列数据。RNN 是一种人工神经网络，广泛用于捕获序列学习中的时间依赖性，能够记忆历史过程中处理过的序列的有效信息。当处理序列中的当前时间步的数据时，它根据当前输入和之前的隐藏状态更新其内存作为新的隐藏层状态，RNN 的输出是序列中所有时间步长的隐藏状态序列。

在该模块中，RNN 的输入序列是 $X^v = \{X_1^v, \cdots, X_n^v\}$，代表路段 v 的 n 个时间间隔的历史数据，递归层的更新规则可以表示为：

$$h_n = F(X_n^v, h_{n-1})$$

其中 h_n 代表路段当前隐藏层信息，$F(\cdot)$ 代表对输入数据的非线性连接方式。考虑到梯度消失和梯度爆炸的问题，RNN 无法处理长序列，因此在实际应用中 $F(\cdot)$ 一般会选择 LSTM，即：

$$x_n = \sigma(W_x[h_{n-1}, X_n^v] + b_x)$$
$$f_n = \sigma(W_f[h_{n-1}, X_n^v] + b_f)$$
$$o_n = \sigma(W_o[h_{n-1}, X_n^v] + b_o)$$
$$\bar{c}_n = tanh(W_c[h_{n-1}, X_n^v] + b_c)$$
$$c_n = f_n \odot c_{n-1} + x_n \odot \bar{c}_n$$
$$h_n = o_n \odot tanh(c_n)$$

其中，σ 代表 sigmod 激活函数，$\sigma(x) = (1 + \exp(-x)) - 1$。

（二）邻居特征学习

交通拥堵是由于一定时间内通过道路的车辆数超过了道路的实际通行能力，或者由于红绿灯的设置不够合理。现今城市交通中，很多地方被标榜为习惯性重点拥堵区域。北京目前已经划分出了 339 个堵点，如北京东城区的灯市口、王府井等。此外，交通事故或者城市活动吸引的人流量会造成某些道路间接性的拥堵。因此，对邻居路段习惯性的交通状态与间接性的路况信息的准确建模十分关键。本文分别从长期特征和短期特征构建邻居路段的路况画像，短期特征画像选择距离预测时刻较近的时间间隔的信息，长期特征画像则衡量的是该路段的平均路况水平，通过嵌入层学习。

对于预测目标 X_{t+1}^v，即目标路段 v 在 $t+1$ 时刻的速度值，本文选取邻居路段距离 t 时刻的前 n 个时间间隔为短期路况，则每个邻居道路 k 的特征序列为 $X^k = \{X_{t-n}^k, \cdots, X_t^k\}$。同样的，本模块使用 RNN 对该序列建模，并取最后隐藏层的输出作为邻居道路 k 的短期特征：

$$x_k^s = F(X_n^k, h_{n-1})$$

邻居路段的长期特征画像代表了该路段的平均路况水平，如医院附近街道的人流量及车流量通常高于一般路段的人流量及车流量。因此，模型考虑建模道路的平均路况水平。因为道路的长期路况不是时间敏感性的，所以该

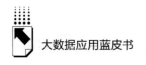

特征使用嵌入层学得向量表示，即：

$$x_k^l = W_l \left[k,: \right]$$

其中，邻居路段 k 的长期特征画像 x_k^l 是路段表征矩阵 W_l 中的第 k 行。

最后，模型通过非线性的方式将邻居路段的短期特征画像和长期特征画像组合作为该居的表征：

$$x_k = \text{ReLU}(W_k [x_k^s , x_k^l)$$

其中，$\text{ReLU}（x）= \max（0，x）$ 是非线性激活函数，W_k 代表转换矩阵。

（三）节点信息融合

该模块首先构造目标道路的局部路网图，然后，节点通过消息传递算法更新表征。DGAN 主要的新颖之处在于使用注意力机制来衡量沿每条边缘移动的特征，设置权值代表相连路段的依赖程度，经过设定轮数的迭代之后，目标道路的特征融合了其邻居节点的信息。

对于每个节点，该模块首先构造关于目标道路的局部图。如图 6 所示，是以红色节点 v 为中心构造的局部图，对于路段 v，假设该节点有 $N（v）$ 个邻居，因此以节点 v 为中心构造的局部图有 $N（v）+1$ 个节点。对于中心节点 v，其初始化节点特征为在获得的关于路段 v 的隐藏层输出，记为 $h_v^{(0)}$，对于局 v 邻居节点 k，其初始特征为学习到的结合了长短期交通流信息的表征。因此，中心节点与邻居节点的特征分别表示为：

$$h_v^{(0)} = h_n$$
$$h_k^0 = x_k, k \in N(v)$$

关于图网络中节点的信息传播，已有很多前沿研究，在图卷积网络中，卷积层在节点之间传递信息，网络的层数 l 对应消息传递的迭代次数。具体地，对于 l 层的神经网络来说，可以表示为：

$$H^{l+1} = f(H^l, A)$$

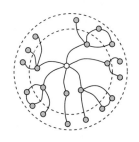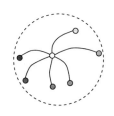

图6　局部图构造

其中，$H^0 = h_v^{(0)}$，A 是图的邻接矩阵，对于每一个节点，都需要结合其邻居节点的信息，形式化为：

$$H^{l+1} = f(H^l, A) = \sigma(A H^l W^l)$$

可以看出，与邻接矩阵 A 相乘相当于对每个节点，都加上了邻居节点的特征，但是却没有考虑自身节点的信息，加上自环后，$\bar{A} = A + I$，I 是单位矩阵。此外，因为矩阵 $\bar{A}$ 是没有正则化的，这使得提取图特征时拥有较多邻居节点的节点倾向于有更大的影响力，因此，大多数模型都采用度矩阵 D 对矩阵 $\bar{A}$ 进行正则化，即 $D^{-\frac{1}{2}} \bar{A} D^{-\frac{1}{2}}$，最后，传播准则变成了：

$$f(H^l, A) = \sigma(D^{-\frac{1}{2}} \bar{A} D^{-\frac{1}{2}} H^l W^l)$$

托马斯·基普夫（Thomas Kipf）和马克斯·威灵（Max Welling）[1] 将卷积操作扩展到图结构的数据上，并且提出了非常有效的图半监督学习的方法。但是在该图卷积方法中，所有的邻居对中心节点的贡献被认为是相同的，这与之前分析的目标道路对邻居道路的依赖程度是动态变化的事实不符，不能直接用于交通数据。因此，DGAN 提出了使用图注意力网络建模上下文相关的邻居特征。在现有的图卷积网络中，静态的对称归一化拉普拉斯

① Thomas N. Kipf, Max Welling, "Semi-Supervised Classification with Graph Convolutional Networks", in *5th International Conference on Learning Representations*, ICLR 2017.

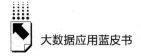

算子作为一种传播策略被广泛应用。为了在消息传递过程中区分出不同邻居节点带来的影响，必须打破这种静态模式。具体地，该模块在消息更新过程中采用注意力机制。计算过程如图 7 所示，模型首先计算目标路段表征 $h_v^{(l-1)}$ 和它所有邻居路段表征 $h_k^{(l-1)}$ 的相似性：

$$a_{vk}^{(l-1)} = \frac{\exp(f(h_v^{(l-1)}, h_k^{(l-1)}))}{\sum_{j \in N(v) \cup v} \exp(f(h_v^{(l-1)}, h_j^{(l-1)}))}$$
$$f(h_v^{(l-1)}, h_k^{(l-1)}) = h_v^{(l-1)T} h_k^{(l-1)}$$

其中 $h_v^{(l-1)}$ 代表路段 v 在第 $l-1$ 层的节点特征，f（·）是两个向量之间的相似性计算的函数。直观地可以从公式中看出，$a_{vk}^{(l-1)} h_k^{(l-1)}$ 代表目标路段 v 与其邻居节点之间的权值，即邻居路段对目标路段的影响程度，而且该权重是随着当前隐藏层的值 h_v^{l-1} 而改变的，即目标当前时间步输入的路况会使其与邻居路段的权值发生改变。此外，每个节点都设置了自环以保留自身的节点特征，其权值为 a_v^{l-1}，因此，节点信息传递方式为：

$$\tilde{h}_v^{(l-1)} = \sum_{k \in N(v) \cup v} a_{vk}^{(l-1)} h_k^{(l-1)}$$
$$h_v^{(l)} = ReLU(W_v^{(l-1)} \tilde{h}_v^{(l-1)})$$

其中 $\tilde{h}_v^{(l-1)}$ 代表在 $l-1$ 层融合了邻居信息的表征，$W_v^{(l-1)}$ 代表在 $l-1$ 层的可训练参数矩阵。DGAN 通过将图注意力层堆叠 L 次得到每个节点融合了所有邻居信息学的表征 $h_v^{(L)}$。因为目标路段未来时刻的交通速度值与它自身的历史速度值和邻居信息的交通状况息息相关，因此对于目标路段 v 来说，它最后的表征可以表示为：

$$\hat{h}_n = W_h[h_v^{(0)}; h_v^{(L)}]$$

其中，W_h 是可学习的线性转换矩阵，DGAN 将最后的目标节点 v 的表征 $\hat{h}_n$ 输入全连接层得到最后的预测值 X_v^{t+1}。

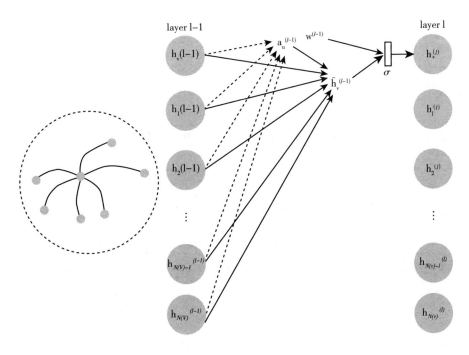

图 7 节点更新计算

四 实验

（一）数据集介绍

北京数据集（Q-Traffic）是由百度地图平台收集并提供的公开数据集，相对于其他数据集，北京数据集包含了额外的辅助信息，如路网的地理和社会属性等。该数据集包含了用户查询子数据集、道路速度子数据集和交通路网子数据集：

1. 用户查询子数据集，该数据集涉及的时间范围是 2017 年 4 月 1 日至 2017 年 5 月 31 日，包含了接近 1.14 亿条用户查询数据，每条查询字段包括了查询时间戳、起始点经度、起始点纬度、终点经度、终点纬度和预估的行程时间等。

2. 道路速度子数据集，该数据集划分的空间范围在北京市六环路以内，图8展示了北京路网的空间分布。该数据集包含了15073个路段，覆盖面积约738.91公里，经纬度界限分别为（116.10，39.69）与（116.71，40.18）。数据的采样频率为一分钟，经过数据集提供平台的平滑处理，该数据集的时间切片大小为15分钟。每条记录数据字段包括了路段编号、时间步和道路速度值（km/h）。

3. 交通路网子数据集，该数据集给出了北京市的路网拓扑结构数据，由两部分组成：第一部分数据为路段的连接标识，包括了两个字段，即路段的开始节点与结束节点，通过该数据，可以获得路段之间的连通性信息；第二部分数据为路段的个性化信息，如宽度、长度、速度限制和车道数等。

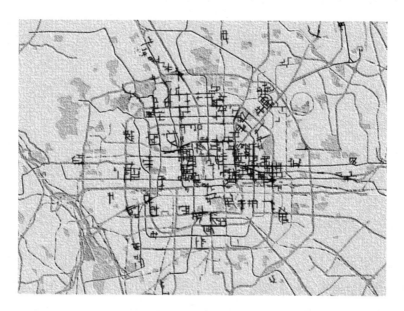

图8 北京路段空间分布

（二）对比模型

选取以下道路速度预测算法作为对比模型：

1. SVR，SVR（Support Vector Regression，支持向量回归）是支持向量机中的一个重要的应用分支，该算法广泛应用于交通预测。

2. LSTM[①]，LSTM 有效缓解了传统 RNN 处理长序列时存在的梯度消失和梯度爆炸问题，适用于交通数据序列预测问题。

3. Seq2Seq[②]，Seq2Seq 是使用多层 LSTM 将输入序列映射到一个固定维数的向量上，然后用另一个深层 LSTM 从向量上解码目标序列。

4. GCN[③]，使用图卷积网络建模邻居路段的交通情况，并将其与目标道路的速度信息拼接作为序列模型编码器的输入。

5. T-GCN[④]，T-GCN 集成图卷积网络和门控递归单元，利用 GCN 捕获路网拓扑结构建模空间依赖，然后利用 GRU 捕获交通数据的动态变化。

6. Hybrid[⑤]，多源信息融合模型，包含了多个组件处理地图查询信息、地理属性信息和社会属性信息进行道路速度预测。

（三）实验参数设置

本文的实验系统为 Centos7，并配有 376GB 内存，GPU 使用的是 TITAN。实验中使用的软件包括 Tensorflow，Python 等。

对于提出的 DGAN 模型的优化器使用的是 Adam 优化器，训练时期使用

① Sepp Hochreiter, Jürgen Schmidhuber, "Long short-term memory", *Neural Computation*, 1997 (8)：1735 – 1780.

② Ilya Sutskever, Oriol Vinyals, Quoc V. Le, "Sequence to Sequence Learning with Neural Networks" (paper presented at the Annual Conference on Neural Information Processing Systems 2014, Montreal, Quebec, December 8 – 13 2014), pp. 3104 – 3112.

③ Mathias Niepert, Mohamed Ahmed, Konstantin Kutzkov, "Learning Convolutional Neural Networks for Graphs" (paper presented at Proceedings of the 33nd International Conference on Machine Learning, ICML 2016, New York City, NY, June 19 – 24, 2016), pp. 2014 – 2023.

④ Ling Zhao, Yujiao Song, Chao Zhang et al., "T-GCN：A Temporal Graph Convolutional Network for Traffic Prediction", *IEEE Transactions on Intelligent Transportation Systems*, 2020 (9)：3848 – 3858.

⑤ Liao B., Zhang J., Wu C. et al., "Deep Sequence Learning with Auxiliary Information for Traffic Prediction" (paper presented at the 24th ACM SIGKDD International Conference on Knowledge Discovery & Data Mining, London, UK, August 19 – 23, 2018), pp. 537 – 546.

指数衰减的学习率，初始学习率为0.002，衰减率为0.98，每隔400步衰减一次，RNN的隐藏层单元数设置为100。模型共有两层卷积层，在第一个卷积层和第二个卷积层中，邻域样本的大小分别设置为10和15。为了防止过拟合现象，网络使用了Dropout策略，概率值为0.2。所有基准算法的参数都是使用各自论文中记录的参数组进行实验，在算法Hybrid中，使用了用户查询子数据集，道路速度子数据集和交通路网子数据集，而其他对比模型以及目前提出的DGAN模型，只使用道路速度子数据集以及交通路网子数据集中的路段连接标识信息。

在评估模型的性能时，需要将模型预测值和样本真实值做比较，达到定量分析模型性能的目的。目前选用平均绝对百分比误差（Mean Absolute Percentage Error，MAPE）、均方误差（Mean Squared Error，MSE）和平均绝对误差（Mean Absolute Error，MAE）作为评价指标。一般而言，MAPE、MSE和MAE的值越小代表模型的预测效果越好。

（四）实验效果对比分析

如表1所示，展示了DGAN与对比模型在北京数据集上预测未来15分钟（15 mins）、30分钟（30 mins）、45分钟（45 mins）和60分钟（60 mins）道路速度的评估结果。可以观察到：第一，在几个对比的模型中，SVR的预测性能最差，通过提取交通数据的时空特征，LSTM和Seq2Seq的预测性能明显优于SVR，说明深度学习在编码复杂的交通速度条件下具有更强的表达能力。第二，GCN网络和T-GCN网络在考虑时间维度关系的基础上，使用能够捕捉区域间非欧几里得关系的GCN学习空间依赖，在不同时长的预测任务中都取得了较好的预测结果。第三，Hybrid网络通过分别构建时间关系组件、空间关系组件、属性组件及地图查询信息组件捕捉多源数据中的关联性，取得了所有基准模型中的最好效果，在长时预测60分钟任务中表现优异。第四，对比目前提出的DGAN模型和其他对比模型，DGAN模型在15 mins、30 mins、45 mins预测任务中的所有指标都取得了最优结果，与使用静态图模式的T-GCN相比，在所有预测任务中，MAPE指标分别降低了

0.13%、0.21%、0.13%、0.38%和0.03%，MAE指标分别降低了0.23、0.30、0.77和0.03，MSE指标分别降低了2.28、1.46、2.48和0.07。因为Hybrid模型依赖于额外辅助数据集中的信息，在60 mins的预测任务中，MAPE和MAE指标上的值超过了DGAN，但总体上看，DGAN的效果依然优于选取的对比模型。

表1　模型实验结果

任务	15 mins			30 mins			45 mins			60 mins		
	MAPE（%）	MAE	MSE	MAPE（%）	MAE	MSE	MAPE（%）	MAE	MSE	MAPE（%）	MAE	MSE
SVR	5.44	2.97	20.64	9.20	3.93	27.72	10.07	4.68	30.82	10.34	5.78	35.42
LSTM	4.76	1.98	8.43	8.25	3.01	15.98	9.43	3.77	17.42	10.00	3.09	19.49
Seq2Seq	4.61	1.72	8.05	8.22	2.64	14.79	9.28	3.53	16.78	9.72	3.07	17.66
SRGCN	4.52	1.65	7.24	8.05	2.65	14.44	9.07	3.46	16.08	9.70	2.91	16.52
T-GCN	4.59	1.70	7.95	8.00	2.69	14.53	9.16	3.40	16.36	9.67	2.94	16.55
Hybrid	4.52	1.53	6.47	7.93	2.54	14.16	8.89	3.44	15.04	9.24	2.84	16.48
DGAN	4.46	1.47	5.67	7.79	2.39	13.07	8.78	2.63	13.88	9.64	2.91	16.48

资料来源：作者自制。

为了更好地展示DGAN的有效性，研究了DGAN在道路速度预测中的时变影响、相邻道路影响，并对相应的结果进行分析。

本文选取了道路road 1和道路road 2作为测试对象，如图9所示，展示了DGAN在两段道路一天的预测结果，可以看出，road 1和road 2中夜间道路速度与白天道路速度差异都比较大，road 1的整体道路速度水平低于road 2，而且road 1的晚高峰值较明显，road 2的早高峰表现更为突出。尽管road 1和road 2的道路速度波动趋势存在较大差异，DGAN的预测值与这两条道路速度的真实值依然拟合较好。如图10所示，模型对两条道路的夜间预测误差比对白天的预测误差高，这是因为夜间道路速度的波动相对较大。此外，模型对于这两段道路的晚高峰预测准确度都高于对早高峰的预测准确度。

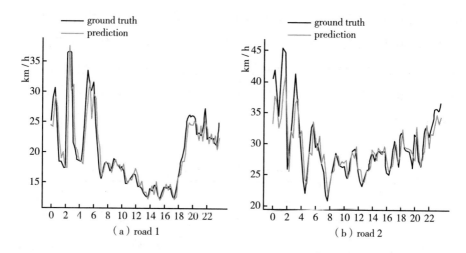

图 9　速度预测结果展示

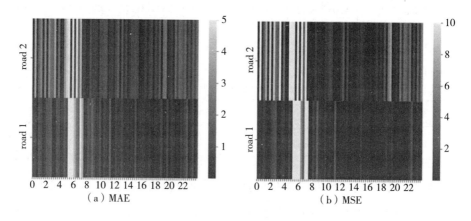

图 10　速度预测误差热力图

　　此外，本文探究邻居道路信息对道路速度预测模型的影响，邻居道路属性包括了短期特征和长期特征，我们将只使用长期特征信息的 DGAN 模型记为 DGANlong。类似的，可以得到只关注短期特征信息的模型 DGANshort，以及完全不考虑邻居道路信息的模型 DGANnone。图 11 和图 12 展示了这三个模型与包含完整信息的 DGAN 在未来 15 分钟和未来 60 分钟的预测误差值。可以看出，不使用邻居道路信息的模型 DGANnone 预测精度在两个预测任务中都较低，而包含了两类邻居道路特征的模型 DGAN 取得了最优预测效果。此外，在未来 15 分钟的速度预测任务中，使用邻居道路短期特征的 DGANshort 明显优于使用长期特征的 DGANlong，DGANshort 的预测误差值与使用完整信息的 DGAN 较为接近，而在未来 60 分钟的速度预测任务中情况刚好相反。该实验结果说明了邻居道路特征对道路速度预测模型具有重要意义，不同时刻的信息对模型预测结果精度的影响也有差异。

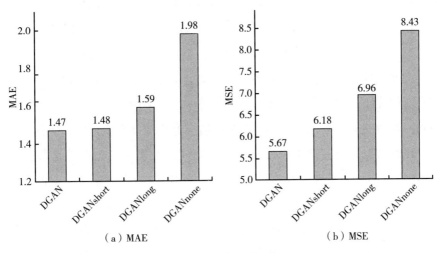

（a）MAE　　　　　　　　　　（b）MSE

图 11　15 分钟预测任务

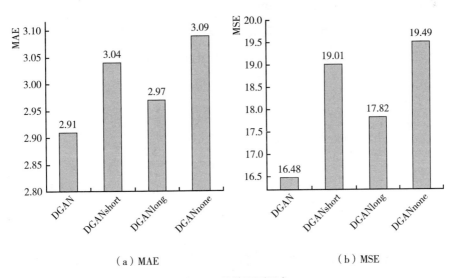

（a）MAE　　　　　　　　　　（b）MSE

图 12　60 分钟预测任务

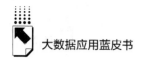

五 总结

　　智慧城市建设是当今社会发展的主题，城市交通的便捷程度与居民生活幸福指数息息相关，各国政府都为交通变得更智能化倾注了大量财力和物力。同时，先进信息技术的快速发展不断扩大了路网感知的范围，并逐渐细化，积累了海量的具有研究价值的交通数据。如何对这些数据进行智能分析，挖掘其潜在的社会价值和商业价值，一直是备受瞩目的课题。

　　交通流预测作为智能交通系统中基础又十分关键的问题，已经衍生了大量有效的算法，并在各类地图与打车软件中广泛使用。本文认为交通网络中相邻路段间的关系不是固定的，而是随着交通环境动态变化的。因此，本文结合路网结构和速度数据，提出了基于图注意力机制的道路速度预测模型DGAN。根据路网中规律性的交通流模式，我们将历史数据按一定的时间间隔进行划分，然后使用RNN对历史的交通流序列数据建模，捕获自身周期信息。此外，DGAN中的邻居表征学习模块分别构建了邻居的短期特征画像和长期特征画像。在以目标路段为中心构建的局部图传递邻居路况信息过程中，使用图注意机制更新节点特征。最后，在北京数据集中对15分钟至60分钟的预测任务进行了大量实验，结果表明，与选取的多种算法相比，DGAN在短时交通速度预测任务中总体上更准确、更稳定。

B.11
考古学大数据时代的应用展望

李子涵*

摘　要：　2020年9月，中央政治局就我国考古最新发现及其意义举行了第二十三次集体学习，会上习近平强调"建设中国风格中国气派的考古学"，引起了各界对考古学学科的关注。目前很多顶级学术论文通过分析和比拟各类数据，开阔了研究视野。建设习总书记提出的"建立中国特色气派考古学"需要运用唯物主义的思想，运用最新兴的科研手段研究和支持考古学的发展，并用大数据分析支撑各类问题的判断。现今中国与考古学相关的数据库都有十分丰富的积淀，各个考古所和博物馆也都有自己的文物数据库，如何对这些数据进行专业化处理和分析是解决很多考古学难题的关键。本文首先从习总书记提出的"建立中国特色气派考古学"理念入手，回顾和解析考古学大数据应用的情况；其次通过大数据分析考古学成功应用的实例来论述考古学大数据时代的方向，并根据现有问题提出建立大数据分析应用的设想；最后对如何发挥现有数据库的价值以及对其应用专业的数据分析展开讨论。

关键词：　考古学　大数据　数据科学　科技考古学　FLAME体系

---

* 李子涵，牛津大学考古系博士，研究方向为古材料成分分析、GIS窑址空间分析、古代有机残留物同位素分析。目前正在构建解读史前早期文字的符号学语法系统。

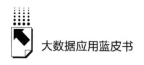
一 考古学学科在中国的发展背景与历史

（一）习近平总书记"建立中国特色气派考古学"理念

2020 年 9 月 28 日，中央政治局以中国考古新发现及其意义为主题举行了第二十三次集体学习，中共中央总书记习近平在主持学习时强调，"要高度重视考古工作，努力建设中国特色、中国风格、中国气派的考古学，更好认识源远流长、博大精深的中华文明"，为弘扬中华优秀传统文化、增强文化自信提供坚强支撑。① 此次会议强调了习近平总书记自十八大以来一直提倡的理念。提高文化自信非一朝一夕就能做到，需要非常厚重的根基，考古学作为探索中华文明根源的主要学科和方式，需要最前沿技术和最新理论的帮助。中华文明地大物博，因此考古项目众多，我国现有国有博物馆 3000 余座，各类考古所 100 有余②。这些机构都有自己的一套数据库系统，数据量庞大，但如何发挥这些数据的价值以及如何进行专业化处理分析则一直没有进展。

非常多考古学问题都需要大数据分析来支撑和解答，如中国最早的文字系统起源、夏代是否有文字系统、早期的硅酸盐玻璃是如何被发明的、汉族迁移与作物传播的路线间的关系以及南北陶瓷生产是否有过互动等等一系列问题。此外，新兴科技手段对考古学帮助很大，除了需要引进新兴的科技分析手段，中国考古学的发展也需要关键的数据库来帮助校正和溯源。例如，作为断代手段，碳十四测年法现在应用广泛，非常依赖树轮数据库来测定和比对不同时期的碳十四浓度，要获得准确的校正曲线数据，树轮大数据分析是根本。大数据在考古中应用很广，世界范围内很多考古相关的课题组已经使用过大数据。很多考古大数据应用已经在考古学的研究中发挥了至关重要

① 习近平：《建设中国特色中国风格中国气派的考古学　更好认识源远流长博大精深的中华文明》，《中国文物科学研究》2020 年第 4 期，第 2~4 页。

② 郭春媛：《我国文物保护经费有效供给研究》，博士学位论文，西北大学，2019，第 35 页。

的作用，如碳十四测年样本大数据、树轮大数据、陶器及釉制玻璃成分大数据等。面对这一趋势，对已有数据库进行专业的大数据处理和分析则成为保证考古学蓬勃发展的基础。

（二）中国考古学学科建设史及大数据启蒙

中国考古学理论及系统最早是由中国考古学的几位奠基人创立并不断完善的，如李济、夏鼐、苏秉琦、张光直。

李济在哈佛大学取得人类学博士学位之后，于1925年回到清华大学国学研究院担任人类学讲师，当时李济的同事们都是如今赫赫有名的学术大家，如梁启超、王国维、陈寅恪、赵元任等。李济领导了中国第一个由中国人自己主导的考古项目，"山西西阴村遗址发掘"。他将在哈佛学到的知识带入国内，为中国考古学理论及系统打下了基础，确立了殷商文化在历史上的地位，其学生张光直称他为"中国考古学之父"。

夏鼐完成在伦敦大学学院的博士学业后将当时最流行的"文化——历史考古学理论"考古学理论带回国内，主导了类型学——地层学的双比较推测文化从属以及文化互动的研究。这一理论得到苏秉琦先生的认可，之后被发扬光大，至今仍在中国考古学界占据主导地位。夏鼐也是中国最早提出使用新兴科技手段分析考古学的考古学家，他在完成类型学比对之后，使用化学元素分析的方法提出了藁城台遗址出土的西商铁器中的陨铁，而非人工冶炼的铁原料。同时，夏鼐力主使用碳十四测年法对文物进行有效断代，他与苏秉琦一起努力将牛津大学当时替换下来的碳十四设备引进到北大考古系，这也奠定了北大在中国碳十四测年领域的领先地位。

诸多前辈为中国考古学打下了坚实基础，中国考古学蓬勃发展起来。但正如上文所述，中国考古学学科人才还是十分稀缺，考古工作者的数量跟不上考古项目的数量，导致大量考古工作者都在进行田野发掘以及后期的实验分析，因此理论的更迭以及数据库的创立仍稍显缓慢。拿古陶瓷研究举例，时任中科院上海硅酸盐考古所所长的罗宏杰教授发现了一个问题：许多陶器、炻器以及瓷器的溯源非常依赖类型学的判断，缺乏关键的客观依据。周仁在 1964 年就提出过建立古陶瓷数据库并对数据进行分析帮助溯源的想法。因此，以中科院上海硅酸盐研究所为代表的一些科技考古学者开始对数据库在考古中的应用进行了探索。

（三）我国考古学大数据应用情况

如上文所述，我国目前考古学相关的数据库非常多，每个博物馆和考古所都有自己的文物数据库，数据量庞大，并且符合 IBM 提出的大数据的 5 个特点：大量、高速、多样、低价值密度和真实性。如何对这些现有的数据库进行专业处理和分析则是一项挑战，下文将以上海硅酸盐研究所的考古学大数据应用为例进行分析。

罗宏杰教授是中国著名的无机非金属硅酸盐材料学家，尤其专注于古材料考古及分析领域。他在研究古代材料学的时候发现研究古陶瓷的方式非常单一。类型学是一种非常好的探索文物信息的方式，但是不同考古学家的类型学理念根据不一，有的以形状为根据，有的以颜色为根据，有的以花纹为根据，这就导致许多考古问题的见解都有分歧。在国外，以瓦伦汀娜·卢克斯（Valentine Roux）教授为首的考古学家认为类型学很容易导致对文物信息判断失衡，导致出现不属于文物的"假信息"（Fake Data）。他们指出很多早期相似的文物很有可能是由不同的制作方式以及生产链制作出来的，有些相似文物的作用很有可能不一致，并提倡使用"过程主义考古学"的理论对文物进行研究，通过民族考古学以及科技手段还原其生产过程，再对比其"操作链"的各个环节，来发现其与其他文物的关系。

而这一理念就是近代科技考古学的开端。罗宏杰教授根据在现代材料学领域使用的新兴手段，延续之前周仁先生的想法，提出"古陶瓷大数据应用"这一理念，根据对古陶瓷各种元素的分析找到各类陶瓷的"指纹特征"。这类"指纹特征"非常依赖数据库数据量的范围，对窑址出土的文物及时进行元素测定，加入数据库、扩大数据量、调整数据范围并在数据库上增加一套算法，使一些新出土的墓葬陶瓷文物可以使用这套"古陶瓷大数据分析"进行有效的溯源研究。中科院上海硅酸盐研究所目前的古陶瓷数据库已经建立了十余年，收集了许多各类古陶瓷数据，许多新出土的无生产地区信息的文物可以根据该数据库的数据分析进行溯源以及断代。但这类数据库也有问题——数据的更新非常依赖考古发掘，如果一些现代造假的文物数据进入了系统，则会干扰后期的"指纹搜索"过程，因此，对入库数据的甄别非常关键。

发挥国内各类考古学数据库的数据价值以及如何对这些既有数据进行专业处理和分析的想法其实一直都有学者在进行相关的专题研究，由于此类领域尚属新兴方向，各类研究论文以及话题探讨还不是很多，但在世界范围内有不少已经建立的数据库在进行大数据处理分析，并已经衍生出关键的应用，下面举例说明目前世界范围内的考古学科大数据应用情况。

二　考古学研究中数据科学应用成功实例

（一）树轮数据库用于碳十四测年校正曲线

碳十四测年手段是目前最具权威的断代方式，依靠碳十四同位素的半衰期来推断其年代。该测年手段只能用于有机物样本，即从有机物死亡开始，不再吸取碳十四同位素，其体内的碳十四同位素含量开始衰减，从而得到该有机物的具体年代。威拉德·利比（Willard Libby）教授是碳十四同位素测年的发明者，他也凭此项技术在 1960 年获得了诺贝尔奖。但威拉德·利比教授发明这项技术时的根据是地球所有时间内的碳十四浓度没有很大变化，这一假定在之后被推翻。因为环境科学研究者在分析树木年轮的碳十四浓度时发现大气层内的碳十四浓度有周期性变化，并且会有突变情况，而造成这一情况的原因十分复杂，既有自然原因，比如地球磁场或者太阳活动的周期性变化、宇宙射线的不稳定；也有人为原因，比如核技术的使用以及各类工业污染。所以每个时间段的碳十四浓度是不同的，而且很有可能不同地区在同一时间段的碳十四浓度也不同。因此，对于这些问题，现代科技考古学家收集了各个地区以树轮为主体的数据，再加上洞穴沉积物等的碳十四浓度数据对年代进行校正。影响树轮大小宽窄的因素有很多，如潮湿度、雨季频率和光照时间等。因此不同区域的树轮差异非常大，而根据树轮建立的树轮数据库不仅可以用来统计出碳十四的校正曲线，也可以对建筑物使用的木材进行断代，从而推断建筑物的时间（见图1）。

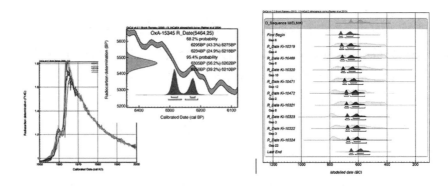

图1　牛津碳十四校正系统（OXCAL）校正示意

为此，有一个专门收集各类环境有机物数据的数据库，比如树轮、珊瑚、洞穴沉积物等，该数据库由碳十四国际校正组织运行。中国的树轮数据则由中国气象局进行收集、统计，根据这些各类有机物数据库，该组织进行了专业处理和分析，并衍生出一套对碳十四测年的校正曲线。最新一期的校正曲线 IntCal20 已经将树轮序列推到了 13910 年，而在 IntCal20 中北半球的数据库中可发现来自中国的树轮数据量不占优势。但在其他方面中国的数据却显得非常重要，将中国葫芦洞石笋的测年数据和 U-Th 测年的数据进行对照，大幅提升了碳十四的测年上限，由 50000 BP 提升到了 55000 BP。中国作为历史悠久的文明古国，如果我们能建立自己的树轮数据库以及其他洞穴沉积物的数据库，并进行数据处理和分析，那么我国的文物断代效率以及精准度就可以处于领先地位。我们能更加精确地对文物进行断代，并且树轮数据库可以帮助各类古建筑的断代和判断各类建筑中的木质原料，也可为树轮数据库增加信息，更加准确地确定各类史前文化的时间及脉络。

（二）牛津 FLAME 体系使用大数据分析研究史前青铜流通

世界上第一个应用大数据研究青铜器流通及其原料的项目是由牛津大学科技考古与艺术史实验室的马克·波拉德（Mark Pollard）教授带领创建的，研究体系名为 FLAME（the FLow of Ancient Metal across Eurasia）。该体系已经运用于研究青铜时代诸多地区的青铜器技术交互以及原料处理技术互动，比如青铜时代的欧洲西部、亚洲西部、欧亚大平原阿尔卑斯山以及罗马时代的英国。其中，现由牛津大学博士后刘睿良博士领导研究中国中部的青铜器流通以及原料使用情况[1]。

FLAME 先获取各个遗址的青铜化学成分以及铅同位素比值，然后应用大数据分析比对各个地区的青铜器特征及其流向的终点。并且通过对主要化学微量成分如砷、锑、银、镍、铅和锡来判断各地区金属原料的来源互动以及生产过程中的技术特征。该研究体系可以有效地判断出青铜时代各个区域考古学文化之间的互动情况，以及金属制器的流通情况。

该研究体系可以很好地还原金属制品的流通，通过对比各类数据找到各类考古学文化的关联与互动。比如 A 地的金属制品流通到了 B 地，而后 B 地对该金属制品进行了再熔，制作出新制品，新制品的元素含量跟 B 地制品不同却和 A 地制品相同，据此可大致推断 A 与 B 地有过互动，并且可以区分出 A 地与 B 地金属制品的技术特征。根据 FLAME 研究体系在中国青铜考古学最新应用中的发现，该体系利用大数据的优势，使中原地区提供金属资源的供应网络以及在这一网络下的中原政权与其他地区的联系互动得到了更加准确和清楚的认识[2]。目前，西北大学、中国科学技术大学、北京科技大学等大学都使用了该研究体系，并且对之前非常多的考古学分歧有了更加清晰的认识，这也是大数据在考古学运用的一次非常积极的尝试。

① Mark A. Pollard, Peter Bray, Peter Hommel et al. ,"Bronze Age metal circulation in China", *Antiquity*, 2017（357）: 674–687.

② Ruiliang Liu, Jessica Rawson, Mark Pollard, "Beyond ritual bronzes: identifying multiple sources of highly radiogenic lead across Chinese history", *Scientific Reports*, 2018（8）: 1–7.

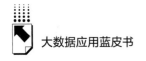

三 早期文字系统—史前符号研究大数据应用设想

（一）中国早期文字系统

目前，中国考古学界与国外考古学界最严重的一个分歧就是夏朝是否存在。中国考古学界认为代表着夏的考古学文化——二里头遗址已经具备了城市、青铜以及祭祀的文明要素，可以被视为进入文明时代，称为一个朝代。但是国外学者的疑惑则是要定义一个"朝代"或者表明进入一个文明的决定条件则是要发现该地区已有文字，因为在柴尔德定义文明的十二条标准中，文字、城市和青铜是首要的基础因素，文字可以将信息传播出去并帮助中央控制集权，文字是夏朝能否称为"朝代"的关键因素。另一方面，以牛津大学知名考古学教授杰西卡·罗森（Jessica Rawson）为代表的研究欧亚考古学的学者则表示，中西方发展的诸多因素不同，如文明形成的因素，以及地理环境因素等等，不能用西方定义"朝代"的方式去定义东方的"朝代"。目前，"夏"是否为朝代仍然备受争议。

我们从朝鲜半岛历史发展的例子可以得知，汉字在公元三世纪进入朝鲜半岛之前，当地尚无自己的文字体系，只有一套语言系统，没有文字记录系统。但以公元三世纪的发展进度来说，当时的朝鲜半岛也已经具备了自身的政权系统，并且运转正常。那么文字是否能定义"朝代"的条件则被削弱了很多，有学者认为当时的朝鲜半岛应当是有一些文字符号用来传达信息的，但并未保留下来。韩文是世宗大王根据汉字的音节发明的，只能表音，非常容易造成误解，而要确定发音对应的意义，还需要对照汉字来判断。

除了朝鲜半岛之外，汉字传入日本的时间也是在公元三世纪到五世纪之间，但在汉字传入日本之前，日本是否存在文字目前还是备受争议。江户时代的神道学者则认为汉字在传入之前，日本存在过一种"神道文字"（见图2），他们认为该文字可以被神道学者解读，但这引起了当时国学者和儒学者的强烈反对。这种文字系统存在的问题就是太像符号了，并没有直接的器物上记载过这些符号的语法系统，如果能分辨出其语法系统，那么也可以相当于新发现一套文字系统。

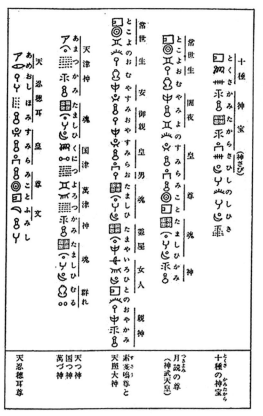

图2　日本早期的神道文字

资料来源：闵丙燦，"落合直澄와 韓語—『日本古代文字考』를 중심으로—"，일본학보，2011（1）：25 – 36。

从朝鲜半岛和日本的例子我们可以看出，其一，文字对于夏是否能称为一个"朝代"以及其是否为中央集权制国家并不是决定性因素，没有文字系统不代表没有一套完整的语言系统。此外，日本"神道文字"给我们的启发则是，符号与文字的区别关键在于是否有语法结构，怎么去找到这些符号的语法系统则是研究早期文字的关键。

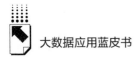

我国考古学家发现过无数符号，如图 3 所示，北首岭遗址的各类"E"字符号，以及陶寺遗址发现扁壶上的形似"文"字的符号，都或多或少引起过当时学界的兴趣，但是这些符号之间的关系则一直是一个空白的话题，而这类问题或许可以使用大数据的方式实现一些突破。

图3 北首岭遗址与陶寺遗址出土的带有符号的陶器

资料来源：李英蕾：《史前陶器刻划符号的文献学研究》，硕士学位论文，山东大学，2010，第23、39页。

（二）史前符号大数据 OCR 识别处理分析网的建设概念

我国出土的各类史前器物种类繁多，数目极大，大部分都会在拍摄之后录入系统。但是这些系统之间并不互通，很有可能有已经发掘的文物蕴含了早期的文字系统的语法信息但被忽视了。如果建立一个包含各类出土文物高清图片的大数据库，并使用最新的机器学习方式，如图4所示，当今发展比较稳定的照片光学字符识别（Photo Optical Character Recognition，OCR）系统对包含巨大数量的数据库进行专业处理分析及识别，将已被发现的一些符号作为样本并对这些符号应用模糊操作，在巨大的数据量下可以训练机器的自我学习能力，最终使计算机能读出文物照片中的符号信息，并且还可以对这些信息进行分析和校正，以及筛选出高频重复的图案或符号。这样，首先可以更加清楚地认识各个史前考古学文化之间的关系，其次，可以根据不同符号的组合进行语法的解密和判断，或许能发现早期的文字系统起源。

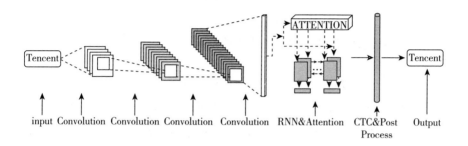

input　Convolution　Convolution　Convolution　Convolution　RNN&Attention　CTC&Post　Output
　　　　　　　　　　　　　　　　　　　　　　　　　　　　　　　Process

图4　腾讯云的 OCR 文字识别网络

想做这样一个机器学习识别文物上可能存在的符号的系统，基础就是要有一个非常大的数据库提供巨大的训练集来训练系统。而目前其实建立这个数据库并不困难，非常多文物图片数据都在各个博物馆的内部系统进行了保存，各个博物馆只要上传图片以及文物名称至云端数据库下的对应分类，如将陶寺陶器文物图片上传至史前陶器分类中的陶寺文化组即可，不需要其余记载的多余数据，仅将图片上传至数据库就可以获得一个巨大的训练集。我国目前有国有博物馆3000多家，这些博物馆都有非常多的文物图片，很多发掘出来的文物有一些细节是肉眼很容易忽略的，而在此过程中，很多文物的信息无法被完全记录下来，机器识别系统则会有助于发现这些容易被忽略的信息。从所有国有博物馆提取文物图片就能建立起来大数据库，而且后续新的考古项目出土的新文物也可以实时传输进入数据库，数据库的数据更新和扩大也有稳定的后续资源保证。

文物图片数据库不光可以为OCR系统提供机器学习的训练集，同时也可对新出土的文物进行画面分析，提取文物中的各类符号、花纹以及各类细节和数据库中的文物进行比对，就可得出该出土文物与其他地区文物的分析比较。这也是一种有效的类型学分析手段，可大大减少考古工作者后期的类型学分析工作量，并有效提高类型学分析的效率。

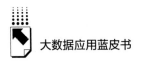

四 如何发挥大数据应用及数据库的价值和作用

（一）国家相关部门的支持与扶持

考古学的大数据应用离不开国家相关部门的支持和扶持，我国大部分文物数据都在各省各地区的考古所及博物馆内，加强各个地区机构的合作是建立中国考古学大数据应用以及发挥考古学数据库作用的大前提。如上文所述，现有数据库可以直接用来做 OCR 符号识别的大数据处理和分析，这些现有文物图片数据可以成为一个巨大训练集来训练机器的自我学习，各博物馆上传文物图片即可建立该数据库，而为了保证数据的有效性和可读性需要对这类图片要建立筛选机制，太过模糊以及不符合要求的图片则要及时筛除，以保证整个数据库数据的有效性。此外，根据机器学习的不断完善，可以筛出无任何可读信息的图片，保证数据库的更新换代以及储存效率。而之后，随着扫描技术的发展，可引用 3D 扫描技术，直接对文物进行全覆盖扫描，3D 全覆盖扫描则会更加全面地提取文物的细节，更加有利于 OCR 系统进行符号识别，提取更多有效信息（见图 5）。因此，国家相关部门需要首先审核相关考古学大数据应用的必要性，审核通过则成立专门小组执行相应的计划，可以直接由各地文化厅来对国有博物馆发出相应的数据采集需求，博物馆的工作则是将文物图片以及名称上传到系统中，系统则会自动根据文物名称进行分类。

（二）大数据应用成为国有考古机构的合作纽带

对于上文提到的各类考古学大数据应用，如中科院上海硅酸盐研究所的古陶瓷数据库以及 FLAME 建立的青铜器大数据应用体系都是很好的示范。此类大数据分析平台可以在高校、研究所、博物馆和考古所互通。目前中科院上海硅酸盐研究所的古陶瓷数据库建设较为完备，但该数据库为上海硅酸盐研究所专有，外界可以将自身文物送交至该研究所

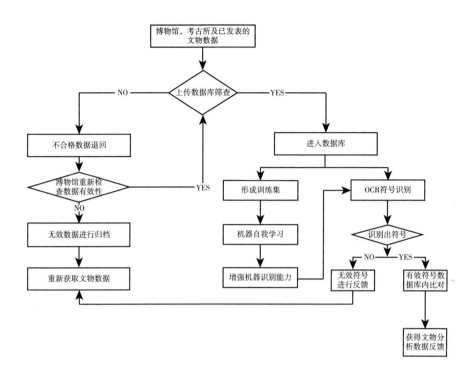

图5 文物图片大数据库及其 OCR 识别运用流程

进行大数据分析比对。牛津的 FLAME 青铜数据库现在已经在西欧、西亚、英国、中国中部等地建有青铜大数据库，新发掘的青铜器可以通过分析成分之后提交至 FLAME 研究员，FLAME 研究员会根据提供的文物数据来反馈青铜器大致来自哪个区域，并且帮助分析化学成分（见图6）。

关于此类文物成分分析的大数据应用，国内已经有很多学者进行了专题研究，并且有一套行之有效的大数据分析模式，而且很多已发表的文章中都列出了这些文物的化学成分数据。因此建立该类大数据应用平台已经有了非常良好的基础，如上文所提，建立考古学大数据的前提就是国家的支持和扶持，这非常关键。中国各省都有自己的考古所，甚至有些大的省会城市或历史悠久的城市也有自己的考古所，很多高校也有自己的考古研究所。国有考古类机构非常多，各个地方的国有考古单位和机构的合作则显

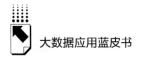

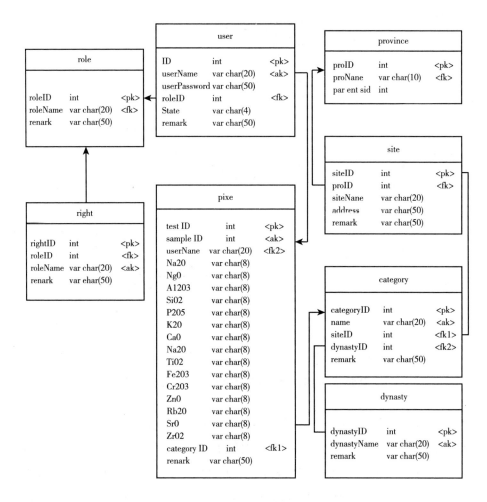

图6 文物化学成分数据库网格关系

资料来源：杨军：《古陶瓷数据鉴别分析系统的建立》，硕士学位论文，郑州大学，2020年。

得尤为重要，缺乏有效的合作模式以及合作需求使得目前的合作十分稀缺。而大数据平台则可以成为各地区考古研究机构、博物馆以及开设了考古学专业的高校的合作纽带，正如习总书记在中央政治局第二十三次集体学习中提到的，"未来科学技术的发展前景一定是合作共赢，共同发展，相互支持的"。

（三）举办考古学大数据应用学术会议

计算考古学以及统计考古学目前在国际上已经成立了专门的机构，这些机构主要针对空间考古学方向的应用，收集大量地理数据之后进行地理信息系统（Geography Information System，GIS）的大数据处理和分析，以还原出一些古人类的迁移路线以及古人类聚落之间的互动情况。这些机构定期会举办学术会议，来自各个高校的研究组在会议上进行有效沟通和合作，每次大会都会催生出很多新课题的研究合作，形成一个良性循环。

考古学虽然是一个人文社科类学科，但其发展非常需要最新科技的帮助。考古学目前与地质化学、生物学、地理学、材料化学结合得非常紧密，每年都会开材料考古学、生物考古学以及气候考古学的专题大会，这些会议催生了非常多的合作课题。大数据应用也是考古学未来发展的趋势，目前考古学和统计学的联系逐渐密切，因为很多数据的处理和分析都需要非常前沿的统计学算法，比如核密度估计（Kernel Density Estimation，KDE），有利于进行大数据处理与分析。各考古机构可以和高校的统计专业与计算机专业进行合作，联合建立大数据应用分析平台，定期召开学术研讨大会并进行深入交流，以创建中国考古学大数据良性的生态圈。

五　结论

中国考古历史十分悠久，考古学的学科建设则需要贯彻唯物主义的思想，有客观且准确的大数据分析去支撑考古学发现并解决面临的各类问题。大数据衍生的相关应用对于考古学学科的发展是必不可少的，在世界范围内已经有非常成功的数据库运用，并衍生出相关的大数据应用。如树轮数据库衍生出碳十四测年的校正曲线、FLAME 青铜大数据分析古代金属制器流通过程、中科院上海硅酸盐研究所古陶瓷数据集合帮助对墓葬文物进行溯源等等。考古学作为一门结合社会科学以及自然科学的学科，也需要引进最新技术解决问题。本文设想将 OCR 识别技术运用于分析人类肉眼容易忽略的文物细节上，帮助收集更多文物信息，可以大幅提高考古工作者收集数据的效率。此外，国有性质的大数据应用平台可以作为一个链接各地区考古所、博物馆以及高校研究所的纽带，加深合作以及跨学科的交流，能够联合各地区的力量来解决考古学目前遇到的各类问题，并且对于某些之前有争议的话题提供数据支撑，得到更加清晰的认识。"建立中国特色气派考古学"的理念，离不开大数据应用在考古学所提供的数据分析支撑，将最新最前沿的科学技术手段运用进来，才能更好地贯彻习总书记对考古学学科提出的建设方针。

B.12
基于区块链与联邦学习技术的
数据交易平台设计

李汪红　范　寅　张　焱*

摘　要：　符合法律法规、数据伦理约束的大规模数据交换是数据要素
　　　　　化重要的基础条件。联邦学习作为一种新兴技术解决了数据
　　　　　交换的隐私问题，得到学术界的高度关注。但联邦学习的具
　　　　　体方法尚不成熟，离大规模应用还有距离。区块链和联邦学
　　　　　习的协作简化了数据分布场景、提供了学习过程的追溯、基
　　　　　于零知识证明方法实现了数据交易的"事先评估"。基于区
　　　　　块链的信任媒介作用，可以通过区块链系统记录训练参数、
　　　　　模型数据、数据调用过程等，实现多方合作的可信隐私计算
　　　　　平台。在不暴露具体数据的前提下，通过神经网络的模型、
　　　　　梯度等数据共享，实现数据蕴含的知识价值传递，从而打破
　　　　　既有条件下的数据孤岛，构建数据价值链条。

关键词：　联邦学习　区块链　数据交易　零知识证明

---

* 李汪红，曾就职于联发科、完美世界等企业，目前任合肥达朴汇联技术总监，长期从事计算
机大规模分布式服务系统、区块链系统的研发工作；范寅，曾就职于思科、联发科、腾讯等
企业，长期从事计算机系统软件、算法研发工作；张焱，本科毕业于清华大学电子系，硕博
毕业于西蒙菲莎大学（Simon Fraser University），曾在多家世界500强企业管理层任职，现任
合肥达朴汇联科技有限公司董事长。

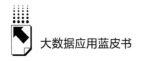

一 背景

受法律和伦理约束的数据交易环境和机制是数据生产要素化的重要条件。2014 年起，我国开始陆续建立数据交易中心，2015 年至 2017 年，中国的数据交易中心进入密集建设阶段。由于国家法律法规对数据活动的监管逐渐严格、企业组织对于数据资产管理的日益重视、数据主体对数据隐私保护的需要更加强烈、数据拥有权在数据转移过程中晦涩不清等诸多原因，围绕数据交易中心的数据交易成果寥寥。相反，基于"社工库"①的违法数据交易却层出不穷，大量个人、组织数据隐私被泄露，造成了巨大的经济社会损失。数据被列为生产要素后数据交易安全问题更加突出。以区块链为核心技术，我国各数据交易中心陆续建立了数据确权服务平台，从机制上保证了数据主体权益和交易安全。由于区块链技术需要大量计算资源，并且无法从根本上避免暴露大量细节数据，因此迫切需要采用新的技术手段，在保护细节数据的基础上，实现数据价值的转让与传递。

联合机器学习又称联邦学习（Federated Learning），是谷歌于 2016 年提出的一种新的机器学习模型，是一种多个实体在中央服务器或服务提供者编排下进行协作、共同解决机器学习问题的机制。与采用数据聚合实现机器学习目标的方式不同，每个客户端的数据都存储在本地，不进行交换或者转移②。参与联邦学习的实体之间传递的是梯度、聚合、神经网络模型等参数，无需传递原始数据本身，可以在不暴露细节数据的基础上完成数据内涵价值挖掘和传递。联邦学习理论复杂，牵涉到机器学习、分布优化、加密、安全、差分隐私、公平性问题、压缩感知、系统学、信息理论等等多种理论。在医疗、保险、金融等领域有巨大的应用潜力。基于横向联邦学习、纵

---

① 《暗网非法数据交易是隐私信息安全的重大威胁》，腾讯安全网，访问日期：2021 年 7 月 3 日，https://s.tencent.com/research/report/566.html。

② Peter Kairouz, H. Brendan McMahan, Brendan Avent et al., "Advances and Open Problems in Federated Learning", *Foundations and Trends ® in Machine Learning*, 2021（1 - 2）：1 - 210.

向联邦学习、联邦迁移学习、Split-learning 等算法研究与应用场景的研究仍在继续，联邦学习仅仅作为分布式机器学习系统，在应用场景中需解决下列问题。

第一，联邦学习缺乏身份认证机制，无法保证参与数据交易各方身份的真实性；第二，缺少数据交易过程的追溯与鉴证，无法保证数据交易公正合理；第三，由于第三方无法对原始数据进行观察，无法确认模型以及参数的效果，也无法对联邦学习结果予以评估和定价；第四，联邦学习的部署受到算法制约；第五，参与联邦学习各方的设备环境不一致，造成参与各方协作困难等。

为解决上述矛盾，则需要采用基于区块链的联邦学习系统构建数据交易平台。

二 基于区块链与联邦学习的技术

基于区块链与联邦学习构建的数据交易平台如图 1 所示。数据交易平台由区块链系统、联邦学习系统以及数据交易系统三部分组成，围绕着以上系统，多个数据供应方、协调方、算法供应商、数据需求方共同参与数据交易。

区块链系统作为基础设施为数据交易提供安全保障，其功能架构如图 2 所示。受制于计算资源，区块链仅保存与数据交易相关信息。例如交易各方身份证书、数据访问方式、数据索引、数据交易合同等，而不涉及具体原始数据资料的保存和传输，从机制上避免了细节数据的流动，保护了隐秘数据的安全。

联邦学习系统提供数据交易的计算环境，基于联邦学习机制，通过分发线性模型、神经网络模型和训练参数实现数据供应方和算法供应商共同参与数据挖掘过程，从而达成数据价值挖掘和共享的目标。联邦学习系统提供机器学习基础设施用于支持联邦横向学习、联邦纵向学习、联邦迁移学习、Split-Learning 的部署与分发。

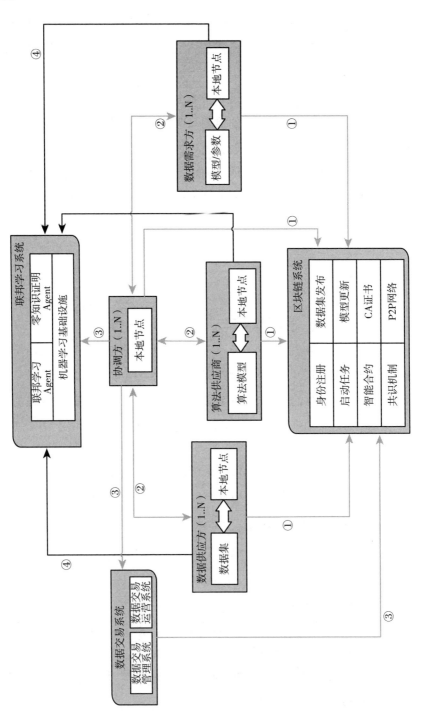

图 1 基于区块链的联邦学习交易平台模型

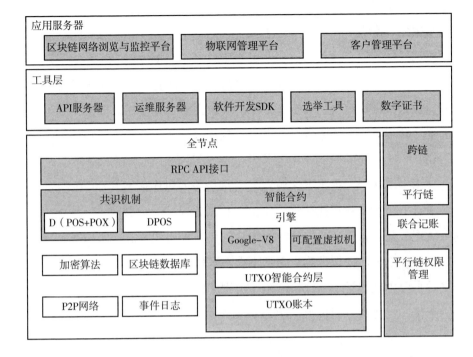

图 2　区块链架构示意

数据交易系统完成数据交易的注册登记、算法资源管理与分配功能，实现数据交易过程管理。

数据供应方、算法供应商、数据需求方由协调方组织并完成数据交易过程，其典型过程如下。

步骤一：数据供应方、算法供应商、数据交易协调方、数据需求方向区块链注册，获取身份证书后，获得区块链加密通信链路访问权限，并递交数据服务内容、算法描述、协调方资质、数据需求描述等信息。

步骤二：根据数据业务内容，数据供应方、算法供应商、数据需求方构成数据交易干系人群体，向数据交易协调方递交数据交易申请，请求数据交易活动。

步骤三：数据交易协调方监督数据交易各方和交易过程，并分配计算资源。协调方通过数据交易系统将交易流水号、交易内容等信息保存到区块链中，向联邦学习系统分配计算资源，协调联邦学习过程。

步骤四：在数据交易协调方干预下，数据交易各方完成机器学习协作过程，得到具体算法参数模型。在此过程中，可对数据内容质量采用零知识证明（Zero Knowledge Proof）手段进行评估。经评估后结果放置在区块链超级账簿，作为数据交易合同的执行依据。受数据需求方委托，数据供应方在本地部署并执行算法，为数据需求方提供数据服务。

在基于区块链的联邦学习平台中，保证训练过程中数据隐秘性尤为关键。马川、李骏等人提出了区块链与联邦学习的协作模型[1]。但在现实数据交易平台中，原始数据往往集中于数据供应商手中，采用基于 Hadoop 体系的大数据架构进行管理。因其数据体量巨大，采用区块链存储和管理是不现实的，相应数据的挖掘计算也必然不会在区块链中进行。根据业务需求，数据交易平台中联邦学习与区块链协作模型如图 3 所示，其流程如下。

步骤一：协调方通过 P2P 网络向参与联邦学习的数据供应方分发算法模型，并部署到数据供应商提供的训练节点，算法原型与环境采用了 Docker 进行封装，有效解决了参与联邦机器学习各方设备环境不统一的问题。在完成算法系统部署的同时，协调方为数据供应商分配各自区块链代理（数据供应方 1 Agent），该代理负责区块链数据块的申请、数据更新日志以及通信管理等任务。

步骤二：数据供应方采用本地数据在训练节点完成训练任务，每轮训练结束后将梯度数据、超参、加权数据、损失函数等结果更新到本地模型池。

步骤三：数据供应商根据联邦学习算法定义的聚合规则，对训练参数聚合。目前多采用 FedAvg 算法完成聚合过程，当满足一定的收敛条件后，训练截止，模型与参数保存至区块链中。

步骤四：数据供应商完成数据聚合后，在本地生成新的全局模型，并将更新数据上传到区块链。数据供应商代理在区块链中产生新的数据块，保存

---

① Ma Chuan, Li Jun, Ding Ming, et al., "When Federated Learning Meets Blockchain: A New Distributed Learning Paradigm", *IEEE Internet of Things Journal*, 2021.

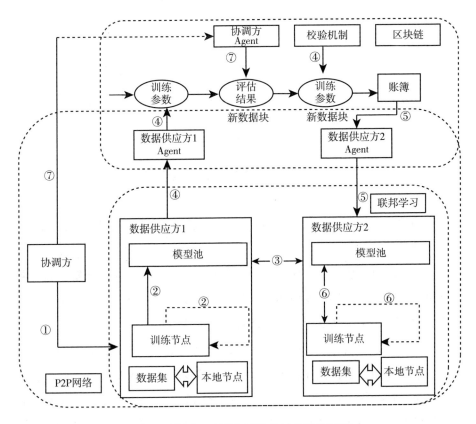

图 3　联邦学习系统与区块链系统协作过程

数据供应商提供的本轮模型参数，数据块产生过程中挖掘出来的 Token 可作为衡量工作量的依据，借助区块链的共识机制来对更新后的联邦学习参数内容进行来源校验，校验通过后保存到区块链账簿中。

步骤五：数据供应商代理获悉全局模型被更新后，从区块链获取全局模型，通过 P2P 网络投放到数据供应商。

步骤六：数据供应商将全局模型保存到本地模型池中，并据此模型采用本地数据集合，开展新一轮训练。

步骤七：协调方借助零知识证明手段，对数据供应商以及联邦训练结果评估，评估结果保存在区块链中，作为算法供应商、数据供应方日后交易的凭证。在学习过程中，区块链可以根据参与各方的工作量给出各工作节点计

算量的证明。

以上模型通过联邦学习与区块链的协作，从框架机制上减少了大量数据传输和数据细节的暴露，满足了数据价值的传递。通过区块链的 P2P 网络与证书机制，保证参与数据交易各方的身份真实可信，保证了数据交易合同的公正合理以及可追溯。

三　身份确认与过程追溯

联邦学习与区块链的集成优势在于能够确认参与各方的身份并实现学习过程追溯。

第一，通过区块链的身份认证系统与特定的联邦学习协议来解决交易各方身份确认的问题。如图 4 所示，区块链系统保存了联邦学习系统中各参与方的数字证书，参与方采用基于双向认证的 TLS 协议构建的 P2P 通信链路进行通信。如果通信时采用的证书无法通过区块链系统的认证，则通信协议中止传输。在通信层目前主流的还是基于 X509 的 PKI/CA 认证机制，但区块链身份验证的核心内容为在 TLS 协议的基础上，通过区块链的身份来替换传统的基于通信协议的身份。基于区块链的身份技术发展已经较为成熟，如 W3C DID 标准的提出和基于该标准的 Hyperledger Indy 等。

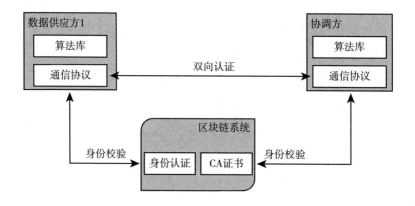

图 4　集成区块链身份认证的联邦学习方案

第二，利用区块链系统来解决联邦学习过程的溯源问题。区块链溯源的功能也集成在通信协议内部，其模型如图5所示。

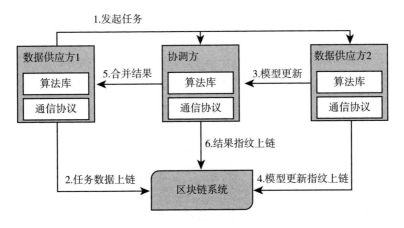

图5　联邦学习上链过程

在初始阶段，联邦学习系统发起学习任务的同时，将任务数据记录到区块链系统，包括任务发起者信息、参与方信息、训练脚本的哈希，和初始模型哈希等。

在模型训练阶段，每个数据供应方每次训练结束，除了更新模型数据，还将模型更新的指纹数据同步到区块链系统，其指纹内容为参数模型、时间戳、更新次数、供应方签名等的哈希。

协调方对更新的训练数据验证后，将最新的模型经区块链相应途径发送给各个参与方，同时，将合并后模型的哈希以及模型评估结果的哈希记录到区块链系统。

上述模型通过数据指纹跟踪了联邦学习全局模型数据每次的更新，实现了训练数据追溯，从协议机制上识别和抵御了诸如数据污染等对抗攻击，对于数据分布引起的算法偏差和倾斜也具备一定的溯源能力。

四　主要工程问题以及对应方法

从实际应用上看，基于区块链与联邦学习的数据交易系统有大量的工程技术问题需要解决，其中突出问题包括系统的部署、消弭数据分布的影响、数据质量与内容的预估与评估等。

（一）联邦学习的部署

目前，联邦学习按协作的空间区域划分可分为跨器件（Cross-Device）以及跨孤井（Cross-Silo）两种部署场景[①]。跨器件是指大量的电子设备参与联邦学习过程，典型的系统包括谷歌的 GBoard、苹果的 QuickType 以及参与边缘计算的神经网络系统等。跨孤井是指大量数据集中在少数特定机构，这些少量机构共同参与联邦学习。中国、日本、意大利曾用此模型开展了胸部切片 COVID 区域分割[②]的研究。两种场景下，设备环境、技术资源均有很大差异，因此，构建联邦学习系统，需要考虑联邦学习的部署问题。

如图 6 所示，跨器件场景中面临的主要问题是：大量电子器件在有限物理条件下，既要保证器件正常工作，又要保证联邦学习的数据采集、隐私保护、计算以及通信效率等。其常用办法包括：采用基于差分隐私技术对搜集的数据进行一定范围内的模糊化或加以扰动，对数据采用同态加密等措施保护个体数据隐私；采用子采样、多目标演化算法等方式提高联邦学习的效率。利用设备空闲周期采集并计算数据，采用本地数据存储延时传输等技术手段方式尽量减少联邦学习过程对设备产生的影响。采用分批采样，中心服务节点采用无状态范式减少通信压力，满足大量器件共同参与联邦学习过程。

在跨孤井场景中，由于大量数据集中在少数数据机构中，计算资源相对充沛。面临的主要问题是各机构间包括数据存贮管理系统、学习系统等基础设施的差异。因此需要视目标环境，通过 Docker 封装包括 Flink \ Redis \ MySQL \ Kafka 等数据接口并集成联邦机器学习相关框架，采用 Docker-Compose 进行集成

---

① Peter Kairou, H. Brendan Mcmahan et al., "Advances and Open Problems in Federated Learning", *Foundations and Trends ® in Machine Learning*, 2021（1 - 2）：1 - 210.

② Dong Yang, Ziyue Xu, Wenqi Li et al., "Federated Semi-Supervised Learning for COVID Region Segmentation in Chest CT using Multi-National Data from China, Italy, Japan", *Medical Image Analysis*, 2021（1），Article 101992.

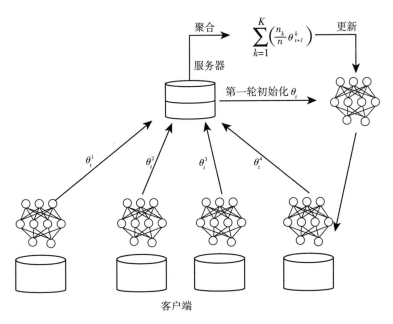

图 6　典型跨器件联邦学习

和部署管理（见图 7）。目前包括百度飞桨、微众银行 FATE 都提供了基于 Docker 的联邦学习部署方案。其部署过程如图 8 所示，其基本流程如下。

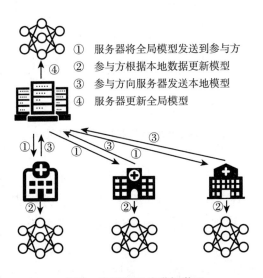

① 服务器将全局模型发送到参与方
② 参与方根据本地数据更新模型
③ 参与方向服务器发送本地模型
④ 服务器更新全局模型

图 7　典型跨孤井联邦学习

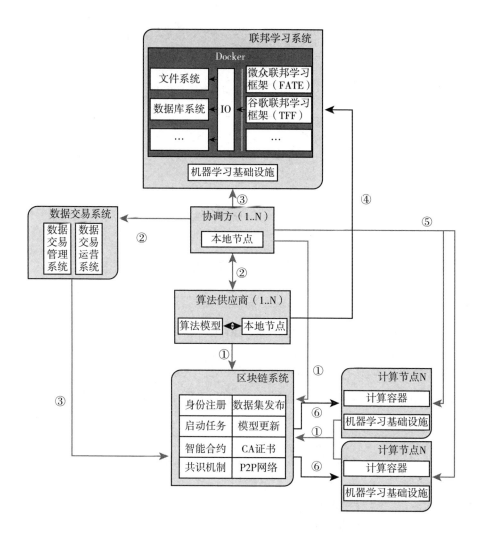

图8　基于区块链的联邦学习部署过程

步骤一、二、三：如文章中基于区块链的联邦学习交易平台模型所示，参与联邦学习各方完成数据交易平台的注册并取得数字证书。在协调方的参与下，算法供应商获取相应证书，并且取得中心服务节点相应计算资源。

步骤四：算法供应商在Docker容器内构建联邦学习算法原型，容器内包含了构建联邦学习需要的算法框架，文件、数据库访问接口等内容。

步骤五：协调方向参与联邦学习的计算节点提供相应证书信息。

步骤六：各计算节点根据取得的数字证书，从区块链中获取算法容器，配置本地文件、数据库访问信息，完成各自计算节点的部署。

（二）联邦学习的数据对齐

不可否认，目前联邦学习无论是学习效率还是学习质量均低于传统的中心学习方式。在数据非独立同分布（Non-IID）情况下，差异则更加明显[①]。非独立同分步数据造成联邦学习过程中包括数据属性、标签、时空属性等倾斜（Skew），并且造成梯度数据在聚合过程中的来回传递带来大量时间效率损失。因此，非独立同步分布数据是研究联邦学习的重点问题。如图9所示，根据数据分布场景的不同，解决的问题不同，学术界给出多种研究途径和方法。目前的研究大都能够匹配特定场景下的单一问题，但包括数据隐私问题、学习效率问题、算法部署问题、参与方数目限制等复杂问题仍有待解决，相关研究仍在持续。在此类研究中，数据共享是最为简洁高效的方法，但该方法暴露过多细节数据，并由于服务器端无法掌握客户端数据的分布情况造成学习效率低下而受到诟病。采用区块链技术，将大为简化以上数据分布场景。

联邦学习从数据角度分为横向学习和纵向学习。横向学习的特点是数据特征（Feature）空间重叠，但样本（Sample）空间有少量交集。纵向学习的特点是样本空间重叠，但数据特征空间有少量交集。图10、图11分别是横向学习与纵向学习的数据分布示意。

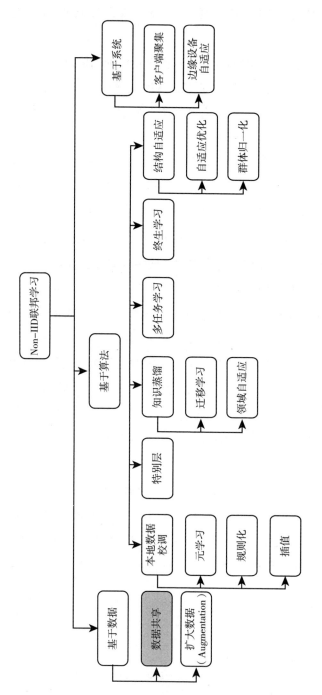

图 9　Non-IID 的相关研究

资料来源:Zhu Hangyu, Xu Jinjin, Liu Shiqing et al., "Federated Learning on Non-IID Data:A Survey", eprint arXiv:2106.06843, 2021。

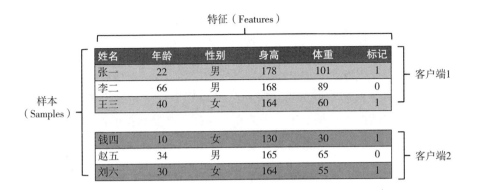

图 10　横向联邦学习数据分布示意

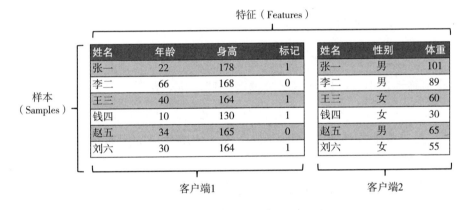

图 11　纵向联邦学习数据分布示意

在横向学习场景下遇到的主要问题是：线性模型（例如：逻辑回归等）中梯度参数隐含原始数据信息，对梯度参数简单推导就可得出原始数据信息，因此梯度参数的传递容易引发数据隐私的泄露。解决此类问题的办法是，对梯度参数采用差分隐私进行数据扰动，采用同态加密算法对数据进行加密保护。非线性模型（如 CNN、LTSM 等）中，全局模型参数与客户端模型存在参数差异过大、收敛速度下降、导致数据聚合迭代次数过多、通信资源消费过高等问题。而采用区块链与联邦学习协作技术时，客户端提交新的更新会在区块链中产生新的数据块，并在账簿中产生记录，观察单个客户端提交更新的频次，可以有效分析数据分布情况，进而采用子采样（Sub-

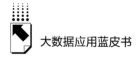

sampling）、梯度参数加权等手段对训练过程优化。

在纵向学习场景中，参与各方数据保存在本地且数据特征维度不一致，因而需要在不泄露隐私的情况下通过特定标识数据（如邮箱地址、手机 SIM 卡序号等）查找数据集匹配的实体。在此过程中，参与各方数据均保存在本地，无法判断彼此数据交集，需要在不暴露非必要数据的前提下实现数据的"碰撞"，主要是采用隐私集合交集（Private Set Intersection，PSI）技术对数据"碰撞"过程加以保护。PSI 算法已经相对成熟，包括 Naïve Hash、第三方 PSI、公钥 PSI、基于电路 PSI、基于茫然传输（Oblivious Transfer，OT）扩展协议的 PSI 等均有实际应用。

（三）数据质量评价

数据交易需要对数据的内容与质量做出客观评价。在中心化的人工智能训练场景中，已经有根据数据的不同维度特征提出了多种数据质量评价算法的研究。黎玲利、李建中等人提出用于匹配记录和实体的规则[①]，对关系型数据使用规则进行在线实体解析，确定数据的记录和实体的一致性。

联邦学习的数据交易系统中，由于数据是保存在数据供应方本地，基本很少流通，基于中心化人工智能场景下的方法将不再适用。微众 FATE 框架提供了 local_ base 组件，对本地数据进行建模，并与联邦学习训练以后的建模效果进行对比，通过检测交集的数量，计算数据特征的信息价值指数（Information Value）并进行比较，给出数据质量的有效判断。李安然[②]提出了面向联邦场景的用户选择和数据选择算法以及协议（Task-Oriented Data Quality Assessment，TODQA）给出了数据质量评估模型。以上方法是在获悉数据内容之后发生的，可以称之为"事后评估"。

---

① Lingli Li, Jianzhong Li, Hong Gao, "Rule-Based Method for Entity Resolution", *IEEE Transactions on Knowledge and Data Engineering*, 2015（1）: 250 – 263.

② 李安然:《面向特定任务的大规模数据集质量高效评估》，博士学位论文，中国科学技术大学，2021。

在实际业务场景下，确定卖方数据内容与质量是否符合数据需求方的要求是数据交易业务开展的前期条件。因此需要为此场景提出新的模型，即"事前预估"。模型基于这样一种业务假设，即在数据交易确定之前，数据需求方前期可以明确参与联邦训练的数据属性特征，包括数据特征的维度范围要求、数据特定属性的样本分布要求等。在此前提下，可以采用零知识证明技术，初步评估数据的内容质量是否符合要求。此方法可以在联邦学习过程中持续调整进行，评估记录保存到区块链中，作为数据提供商和算法供应商的质量依据以及后续买家的参考。交易模型如图 12 所示。

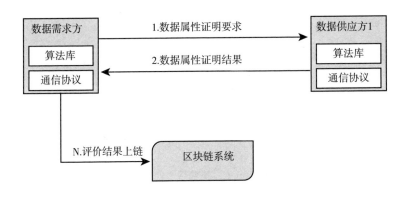

图 12　数据质量评估模型

第一，数据需求方查询数据供应方数据基础信息，根据自身需求提出数据特征维度、数据样本分布、数据标签等主张，要求数据供应方根据自身数据集合给出相应证明。

第二，数据供应方根据数据需求方的主张提供证明，基于自身数据运行零知识证明验证程序，将证明结果返回给数据需求方。

第三，数据需求方接收到证明结果后，对其主张是否命中进行检验，并可根据需要对将要交易的数据内容发出质疑或者提出新的主张，进行新一轮评估。以上过程可经过数轮，直至双方达成一致，评估结果均保存于区块链中。

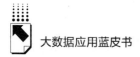
以上为"事前预估"过程，由于采用零知识证明技术，采信过程不需要数据供应方拿出具体数据，保证了数据供应方的权益。一旦数据交易展开，则可以使用上述"事后评估"程序，将评估结果再次保存到区块链中，作为数据供应商、算法供应商日后交易的凭证。

零知识证明是评估数据内容与质量的关键。目前零知识证明算法种类很多，按交互方式分为交互式与非交互式零知识证明。其中非交互式零知识证明 zk-SNARKs 以其算法复杂性和完备程度而备受瞩目。在"事先预估"模型中，考虑到数据属性具有不确定性以及计算资源限制等要求，需要采用交互式零知识证明协议及流程。可以采用 CL（Camenisch-Lysyanskaya）[①] 签名算法构建零知识证明，CL 签名算法如图 13 所示，其基本协议如图 14 所示。

产生签名：

$$A := \left(\frac{Z}{R_0^{m_0} \dots R_l^{m_l} S^v} \right)^{1/e} \bmod n$$

验证签名：

$$Z \overset{?}{\equiv} A^e R_0^{m_0} \dots R_l^{m_l} S^v \pmod{n}$$

* $R_0, \dots, R_l, S, Z \in QR_n$.

图 13　CL 签名基本公式

基于上述协议，数据供应方可以提供其数据在某个区间范围、等于某个值、属于某个集合等属性特征，从而能够证明对方数据主张的命中程度，进而判断数据内容与质量。

基于"事先预估"和"事后评估"手段能够从数据交易先后对数据内容质量做出客观判断，为保证数据交易的公平公正提供算法工具。

---

① Kostas Papagiannopoulos, Gergely Alpár, Wouter Lueks, "Designated Attribute Proofs with the Camenisch-Lysyanskaya Signature", in *Proceedings of the 34rd WIC Symposium on Information Theory in the Benelux and The 3rd Joint WIC/IEEE Symposium on Information Theory and Signal Processing in the Benelux Leuven*, 2013：209 –215.

发起方		验证方
m_0: 密钥 $m_1, \ldots, m_l$: attributes Signature (A, e, v) v, size l_v bits e, size l_e bits	$Z, S, R_0, \ldots, R_{l-1} \in QR_n$ n: RSA modulus, size l_n bits **V**: 验证方公钥 $l_\emptyset$: 安全间隔大小 l_H: Hash函数长度	**k:** 验证方私钥 $V = (\Pi_{i=0}^{l-1} R_i)^k$
$\underline{\text{随机化}}$ $r \in_R \{0,1\}^{l_n+l_\emptyset}$ $\hat{v} = v - er \ (in \ \mathbb{Z})$ $A' = A S^{-r}$ $\underline{\text{零知识证明}}$ $t \in_R \{0,1\}^{l_e+l_\emptyset+l_H}$ $s \in_R \{0,1\}^{l_v+l_\emptyset+l_H}$ $w_i \in_R \{0,1\}^{l_m+l_H+l_\emptyset}$ $Co = A'^t S^s R_0^{w_0} \ldots R_l^{w_l}$ $\mathbf{b} \in_R \{0,1\}^{l_m+l_H+l_\emptyset}$ $\mathbf{De} = \mathbf{V^b}$ $r_t = c * e + t$ $r_s = c * \hat{v} + s$ $\forall m_i, w_i, i \in \{0, \ldots, l\}$ $r_{m_i} = c * m_i + w_i + \mathbf{b}$	$\xrightarrow{\quad A' \quad}$ $\xrightarrow{\quad \{Co, \mathbf{De}\} \quad}$ $\xleftarrow{\quad c \quad}$ $\xrightarrow{\quad \{r_t, r_s, r_{m_0}, \ldots, r_{m_l}\} \quad}$	 $c \in_R \{0,1\}^{l_c}$ $\underline{\text{验证}}$ $\mathbf{Z^{kc}} =$ $(\mathbf{A'^{r_t} S^{r_s} R_0^{r_{m_0}} \ldots R_l^{r_{m_l}}})^k *$ $\mathbf{Co^{-k} * De^{-1}}$

图 14 数据验证过程

五 开放性问题

联邦学习的提出，在保证数据拥有者权益的前提下实现了数据价值的挖掘与共享，打破了数据隐私保护与数据价值传递相互矛盾的困局，并因其具有的高度复杂性和巨大商业潜力得到了企业和学术界的广泛关注。谷歌、百

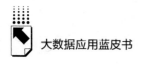

度、Intel、京东、腾讯、蚂蚁集团等众多科技公司已经开始构建联邦学习平台并致力于其商业图景的打造。尽管如此，联邦学习技术仍不成熟，大量研究仍在持续进行。

（一）部署以及场景问题

如何采用全分布学习取代联邦学习的中心服务，从而提高中心服务的可靠性；如何保护全局条件下的联邦学习模型本身的知识资产；跨孤井式联邦学习中，如何在数据隐私与数据欺骗之间协调均衡。

（二）学习效率及准确性

如何应对非独立同分布数据带来的算法偏差和大量通讯资源浪费问题；联邦学习带来的超参校调、神经网络架构设计、算法可解释性以及除错调试问题；包括增强学习（联邦学习机制下仅允许两方增强学习参与）、主动学习、在线学习在联邦学习中的应用问题等等。

（三）数据隐私保护问题

数据隐私保护是联邦学习的主要目标，目前的研究集中于如何降低算法给个人带来的影响、抵御恶意第三方采用技术手段从模型、梯度、迭代等获取用户隐秘信息以及防止算法模型被滥用等。

（四）系统健壮性问题

系统建壮性问题包括联邦学习抵御包括数据污染在内的对抗攻击（adversarial attacks）；大量器件设备的非恶意故障（Non-Malicious Failure）导致的通信效率、计算效率急剧下降；隐私保护带来的恶意攻击识别困难等。

（五）算法公正及偏差

研究解决由不同群体（种族、地区、收入等）的设备拥有量或者数据拥有量的差异引起的包括政治、文化、信仰、风俗、教育、医疗、司法、金融等方面的算法歧视问题。

综上所述，联邦学习仍存在大量的开放性问题。联邦学习与区块链的协作与结合只是上述研究的沧海一粟。随着各项研究逐渐齐备与技术成熟，区块链与联邦学习将发挥重要作用。

B.13
中国医疗大数据服务模式发展分析报告

张　穗[*]

摘　要：　近年来，以健康医疗大数据、"互联网＋医疗健康"与智慧医院等政策组合拳为契机，我国医疗大数据行业蓬勃发展。本文梳理了医疗大数据的发展背景，全面呈现了医疗大数据服务市场规模、特点、服务模式与商业逻辑的图景；进一步分析了服务商、应用场景、技术与业务策略以及案例，从政策、应用需求及模式创新等角度展望了未来的发展趋势。

关键词：　医疗大数据　服务模式　医疗生态　信息化

一　中国医疗大数据发展背景

医疗大数据，广义上指"健康医疗大数据"，即在人们疾病防治、健康管理等过程中产生的与健康医疗相关的数据[①]，狭义上指医疗机构产生的以患者为中心的诊疗和服务数据[②]，本文采用其广义。近年来，"云大物移智"

---

[*]　张穗，法学、经济学双硕士，望海康信（北京）科技股份公司产品与数据研究院高级数据分析师。主要研究方向为战略运营管理、数据服务创新。

① 国家卫生健康委员会：《关于印发国家健康医疗大数据标准、安全和服务管理办法（试行）的通知》，规划发展与信息化司网，2018 年 9 月 13 日，http：//www.nhc.gov.cn/guihuaxxs/s10741/201809/758ec2f510c74683b9c4ab4ffbe46557.shtml。
② 中国医院协会信息专业委员会：《医疗机构医疗大数据平台建设指南》，电子工业出版社，2019。

等新兴技术与健康医疗加速融合，医疗大数据在政策引领、监督管理、服务方式、产业应用、商业模式等多个维度大胆探索、勇于实践，充分发挥了其作为国家基础性战略资源的作用。

（一）医疗大数据国内外政策背景

美国《2020—2025 年联邦卫生信息技术战略规划》（2020 年 10 月）提出了促进健康，加强护理服务和体验，构建安全、数据驱动的生态系统以加速研究和创新，连接医疗保健与健康数据等四个战略目标[①]；英国《国家数据战略》（2020 年 9 月）指出，由数据驱动的新科学发展在整个经济领域具有潜在的颠覆性应用，其中生命科学是对社会有益的最明显例子之一[②]；日本政府拟利用大数据等技术实现其在 2025 年前削减 5 万亿日元医疗和护理费用的目标[③]。

中国高度重视医疗大数据应用发展工作，2015 年《促进大数据发展行动纲要》（国发〔2015〕50 号）印发，明确提出推进数据汇聚和发掘，深化大数据在各行业的创新应用。国家卫生健康委员会贯彻落实国务院办公厅《关于促进和规范健康医疗大数据应用发展的指导意见》（国办发〔2016〕47 号）精神，制定《国家健康医疗大数据标准、安全和服务管理办法（试行）》（国卫规划发〔2018〕23 号）等文件，规范和推动了医疗大数据融合共享、开放应用。

（二）医疗大数据国内外研究综述

研究发现，全球医疗大数据领域近 10 年的研究方向主要集中在精准医

① United States Department of Health and Human Services, "2020 – 2025 Federal Health IT Strategic Plan", October 2020, https：//www. healthit. gov/topic/2020 – 2025 – federal – health – it – strategic – plan.

② Department for Digital, Culture, Media & Sport, "UK National Data Strategy", 9 September 2020, https：//www. gov. uk/government/publications/uk – national – data – strategy.

③ 《读卖新闻：日本拟用大数据控制医疗费》，参考消息网，2014 年 8 月 20 日，http：// science. cankaoxiaoxi. com/2014/0820/468045. shtml.

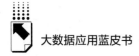

学、个性化医疗等方面①；一项对我国委属委管医院的调查显示，其中96%的受访医院开展了医疗大数据应用，标准、医疗数据安全及数据共享障碍是影响医疗大数据应用的主要因素②。

近年来，在国家卫生健康委员会的统筹推进下，山东等11个省份被选为健康医疗大数据中心与产业园建设国家试点工程的试点省份，在采集汇聚、资源整合、开放共享、挖掘应用、安全防护等方面先行先试。但由于数据来源有限，出现缺乏统一技术标准及数据利用率不高等问题，导致仍然存在较多科研成果和大数据应用尚处于研究阶段，未投入临床验证的情况③。

（三）我国医疗大数据服务产业现状

2016年6月发布的《国务院办公厅关于促进和规范健康医疗大数据应用发展的指导意见》提出了阶段性的发展目标，到2020年，应基本建立健康医疗大数据应用发展模式、初步形成健康医疗大数据产业体系。

如表1所示，以健康医疗大数据、"互联网＋医疗健康"与智慧医院等政策组合拳为契机，各地在辅助诊疗、精准医疗、精益运营等多个领域不断探索；新冠肺炎疫情防控期间，国务院联防联控工作机制疫情防控组成立了大数据分析工作专题组。

表1 我国医疗大数据服务产业发展现状

产业发展领域	进展与代表事件
1. 健康医疗大数据中心及产业园建设国家试点工作	山东等11个省份成为健康医疗大数据中心及产业园建设国家试点工程的试点省份，在采集汇聚、资源整合、开放共享、挖掘应用、安全防护等方面先行先试。

---

① 刘莉、朱勋梅、邱珂等：《国内外医疗大数据研究方向及热点可视化对比分析》，《中国数字医学》2020年第12期，第98～101页。

② 秦盼盼、雷行云、魏路通等：《委属委管医院"互联网＋"及健康医疗大数据应用现状分析与思考》，《中国数字医学》2020年第9期，第2～5页。

③ 许文韵：《健康医疗大数据中心建设实践与思考》，《医学信息学杂志》2020年第8期，第48～51、56页。

续表

产业发展领域	进展与代表事件
2. 各级医疗卫生机构医疗业务与大数据技术融合发展	(1) 全面加强医疗卫生机构信息化:《全国医院信息化建设标准与规范(试行)》(2018 年)、《全国基层医疗卫生机构信息化建设标准与规范(试行)》(2019 年)、《全国公共卫生信息化建设标准与规范(试行)》(2020 年)均对大数据、云计算、人工智能、物联网等技术应用提出明确要求。
	(2) 推广典型经验,加强示范:如国家卫生健康委员会遴选推广在健康医疗大数据应用、医学人工智能创新应用等 7 个重点领域的典型案例;工业和信息化部持续开展大数据优秀产品和应用解决方案征集活动,建设 AI 创新应用先导区,着重开展"AI + 医疗"等场景应用研究等。
	(3) 各级医疗卫生机构积极探索:医疗大数据在临床科研、研究成果转化以及研发数据共享机制等方面已有较多应用;医疗大数据助力各级各类医疗卫生机构精益运营管理建设。
3. 大数据在行业治理、公共卫生领域的应用	(1) 疫情防控期间,国务院联防联控工作机制疫情防控组成立大数据分析工作专题组,有力支撑疫情精准防控。
	(2) 中央网信办等三部门联合印发《公共信息资源开放试点工作方案》,在北京、上海、浙江、福建、贵州开展公共信息资源开放试点工作。
4. 产业发展保障机制	(1) 政策引领与规范体系建设,如《国家健康医疗大数据标准、安全和服务管理办法(试行)》《信息安全技术　健康医疗数据安全指南》等。
	(2) 大数据安全管控和隐私保护,如发布《关于落实卫生健康行业网络信息与数据安全责任的通知》(国卫办规划发〔2019〕8 号)、《中华人民共和国数据安全法》及《中华人民共和国个人信息保护法》立法推进工作。

资料来源:据国家卫生健康委员会官方网站及公开资料整理。

二　中国医疗大数据服务市场现状

(一)医疗大数据服务市场规模

2020 年 12 月出版的中国信息通信研究院《大数据白皮书(2020 年)》

对 1404 家涉及行业大数据应用的企业进行统计，发现金融、医疗健康和政务是大数据行业应用的最主要类型，其中医疗健康类占比约 14%[①]。国际数据公司（International Data Corporation，IDC）发布的《2021V$_1$ 全球大数据支出指南》持续追踪了 19 个行业，预期医疗保健、专业服务及地方政府这三个领域未来大数据发展增速较快[②]。2020 年中国基于临床信息的医疗大数据解决方案（软件和服务）的市场规模将达到 27.3 亿元人民币（2019 年至 2024 年的复合增长率为 22.0%）；如果考虑医保大数据和生命科学大数据，这一市场规模更大[③]。

（二）医疗大数据服务市场特点

医疗大数据服务市场具有数据集成难度大，应用场景丰富但落地成本较高的市场特点。以医疗卫生机构为例，2019 年一年全国医疗卫生机构总诊疗人次达 87.2 亿人次，居民平均就诊每人 6.2 次，入院人数 26596 万人，年住院率 19.0%[④]。其中医院的业务应用类型主要包括便民服务、医疗服务、医疗管理、医疗协同、运营管理、后勤管理、科研管理、教学管理、人力资源管理等 9 大类。

基于此，医疗大数据服务市场主要难点包括：第一，数据利用难度较高。国家医改政策方向和医疗卫生机构的公益性特点深度影响了医疗大数据的利用效率和价值体现。大量异构数据带来的治理难度和扩展要求，对技术与行业的融合提出了更高期望。第二，较高的数据安全标准。医疗大数据涉及居民身心健康的隐私，在发掘利用的过程中需要妥善处理应用发展与保障

---

① 中国信息通信研究院：《大数据白皮书（2020 年）》，CAICT 中国信通院，http：//www.caict.ac.cn/kxyj/qwfb/bps/202012/t20201228_367162.htm。
② IDC：《2024 年，中国大数据市场规模将超 220 亿美元》，2021 年 3 月 9 日，https：//www.idc.com/getdoc.jsp? containerId=prCHC47519921。
③ IDC：《数字化转型浪潮中，医疗大数据解决方案开新局》，2020 年 10 月 19 日，https：//www.idc.com/getdoc.jsp? containerId=prCHC46946920。
④ 规划发展与信息化司：《2019 年我国卫生健康事业发展统计公报》，中华人民共和国国家卫生健康委员会网，2020 年 6 月 6 日，http：//www.nhc.gov.cn/guihuaxxs/s10748/202006/ebfe31f24cc145b198dd730603ec4442.shtml。

安全的关系，有效保护信息安全和个人隐私。第三，较为分散的行业集中度现状仍将维持较长一段时期，医疗大数据服务市场充斥着来自不同厂商、跨越多个年份的各类信息化服务产品已是不争的事实，给推动医疗大数据的融合共享、协同创新也带来了挑战。

（三）医疗大数据服务模式

1. 基于数据应用逻辑的深度数据分析

该服务模式综合运用医疗大数据资源和信息技术手段，对现有数据进行更有深度的采集、存储、挖掘和应用。主要落地路径包括：（1）基于服务对象现有多个系统的数据集成、打通，统一数据统计、分析口径，有力支撑业务应用。（2）整合医疗、教学、科研等业务系统以及人、财、物等资源系统，建立更为全面的医疗机构运营管理决策支持体系。（3）协同医疗服务价格、医保支付、药品招标采购等外接系统的业务信息，助推医疗、医保、医药联动改革。根据数据利用程度的差异，又可大致概括为数据集成和业务集成两个类别，前者重在数据治理，后者重在业务打通，技术手段上多与人工智能搭档。大部分医疗大数据公司位于这一赛道。

2. 基于互联互通的云应用服务体系

该服务模式专注构建医疗专属云服务，可供选择的实现途径主要有：（1）结合区域全民健康信息平台建设，致力于推动各级医疗卫生机构间的数据共享互认和业务系统互联。（2）通过建设医疗云计算和大数据应用服务体系，为远程会诊、远程影像、远程心电、远程急救、远程病理、远程教学、远程监护等应用场景提供技术支撑。（3）探索周边场景应用，如建立药品追溯制度等。这类服务模式更加依赖5G、云计算等信息技术的全面应用，服务商主要有两类，一是传统信息化厂商的大数据业务（数字化医疗）拓展与转型部分；二是自身具备互联网基因又有资本加持的新兴大数据公司。

3. 大数据驱动医疗健康新生态

该服务模式是基于医疗大数据融合共享基础上的开放应用业态，强化基础研究和核心技术攻关，利用大数据丰富和延展医疗服务的内容，如定制化诊疗、定制化药物研发、病种资源消耗评价等。典型应用包括：（1）推进基因芯片与测序技术在遗传性疾病诊断、癌症早期诊断和疾病预防检测等方面的应用，构建特定人群基因信息安全管理数据库，推动精准医疗技术发展。（2）围绕重大疾病临床用药研制、药物产业化共性关键技术等需求，建立药物副作用预测、创新药物研发数据应用等。服务商主要有两类，一类已在行业深耕多年，与各地政府购买服务深度绑定，具备了较好的数据积累；另一类从基因测序、药物研发等单个应用点出发，快速赢得一席之地。

（四）医疗大数据服务模式商业逻辑

1. 信息化拓展服务的商业逻辑

本质上，大部分医疗大数据公司或信息化服务商的大数据业务，并未超出传统信息化服务的商业逻辑。具体实现路径上，仍然是通过标准化的信息化解决方案与满足定制需求相结合的产品模式，通过项目反馈倒逼产品结构优化，推动项目的落地实施与产品的快速交付。其价值主要在于通过数据集成和业务集成，挖掘数据，对历史数据进行有效统计分析、对数据变化趋势进行研判预测；借助报表、数据可视化等方式为医疗研究、临床诊断与治疗、精益运营、便民服务等领域提供有效的经营、管理、决策和服务支撑，价值变现方式是信息化产品交付加收解决方案服务费。

2. 云应用服务体系的商业逻辑

云应用服务通过构建微服务体系，形成更为轻量级的数字化服务应用，一部分是基于传统医疗信息化产品的云化转型与完善，另一部分是天然互联网基因的云部署模式。目前的代表性应用主要包括：

（1）检验、影像、血透、护理等产品的云化。（2）为医联体构建云化的检查信息共享以及运营管理应用等。（3）通过云多学科诊疗（Multi-disciplinary Treatment，MDT）、云病理和云影像等互联网协同诊疗手段，在线上为患者实现的多学科、多机构、多专家的MDT全程协同诊疗。其商业逻辑是改变传统软件企业的项目制收费模式，转为订阅制，以解决目前医疗机构普遍完成信息化基础建设后，服务商软件项目市场容量逐年萎缩的问题。这一服务模式根据功能或应用的多少进行差异化的定价和服务，收取年费。

3. 数据驱动服务的商业逻辑

该服务模式的核心价值在于其日益庞大的、可深度挖掘的数据积累与可灵活调用甚至内置的算法、模型积累，实现路径上体现出研发资金投入大、研究结果应用于实践的检验过程较长、但一旦成功则其反哺的经济价值和社会价值较为可观的特点。以华大基因为例，其主营业务是通过基因检测、质谱检测、生物信息分析等多组学大数据技术手段，提供研究服务和精准医学检测综合解决方案，产品、服务形式主要为检测报告、结题报告、试剂产品、相关测序分析数据及服务方案等，销售方式主要是直销与代理相结合。

三 中国医疗大数据服务竞争格局

（一）医疗大数据服务全景图

1. 服务商

如图 1 所示，医疗大数据服务商大致可以分为四类：

（1）医疗卫生行业的传统信息化厂商，如卫宁健康、创业慧康、易联众等。其中，卫宁健康医疗卫生信息化与互联网医疗健康合计占营收的 99.91%[①]；创业慧康医疗行业软件销售、技术服务与系统集成业务占营收的 83.53%；易联众民生信息服务（包括医疗保障、卫生健康、人力资源与社会保障）业务占营收的 87.93%。这类厂商基于良好的行业理解和客户基础，近年来积极推进数字转型与跃升。

（2）跨行业服务的传统信息化厂商，如东软集团、久远银海、万达信息等。其中，东软集团医疗健康及社会保障类业务仅占营收的 18.81%，还有智能汽车互联（33.75%）、智慧城市（20.61%）等业务；久远银海智慧城市与数字政务营业收入比例为 54.04%，超过了医疗医保业务

---

① 如无特别标注，本节均为 2020 年的营业收入占比数据。

（41.32%）；万达信息智慧医卫和智慧政务的营收占比分别为 49.49% 和 40.85%，相差不到 10 个百分点。这类厂商具备跨行业的大数据项目优势。

（3）新兴的大数据技术厂商。最典型的上市公司是医渡科技，其他还有微医（数字健康独角兽，杭州市）、联影医疗（生产覆盖影像诊断和治疗全过程的医疗产品，上海市）、全域医疗（专注精准云放疗技术，北京市）、森亿智能（以医学自然语言处理、机器学习等技术为驱动引擎，上海市）等，其中多家公司正奔赴 IPO。

（4）天然具备互联网基因，但医疗大数据业务并不显著的厂商。如平安

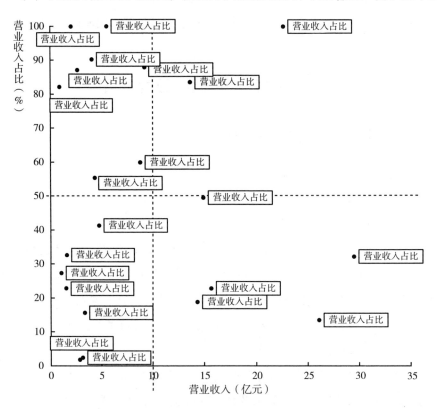

图1　我国上市公司医疗信息化营业收入及其营收占比分布

说明：本图①以各上市公司 2020 年年报披露数据进行统计，个别港股公司的财年统计口径有所不同；②因各公司产品（业务）分类口径不同，未对传统信息化产品与医疗大数据、数字医疗、在线医疗业务进行区分；③东软集团与易联众含（人力资源和）社会保障行业营业收入，未做拆分；④东华软件医疗信息化营收按其金融健康行业的 50% 统计。

好医生、京东健康、阿里健康等。其中，平安好医生在线医疗营业收入占比22.8%，最大份额仍为健康商城（54.1%）；京东健康医药和健康产品销售占比超过80%；阿里健康2021年（截至3月31日）医药自营收入占总营收的85%。此类企业营业收入总额较为显著，但大部分仍是以商城（医药和健康产品销售）收入为主，未来仍需持续观望其在线医疗业务的发展情况。

2. 应用场景

2020年3月，工业和信息化部公布了2020年大数据产业发展试点示范项目名单，其中16个医疗大数据产业发展试点主要集中在大数据综合平台、临床科研、区域协同、辅助诊疗、医保监管以及运营管理等领域，结合2018年试点示范项目，精准医疗和医药流通也是较为典型的应用场景（见图2）。

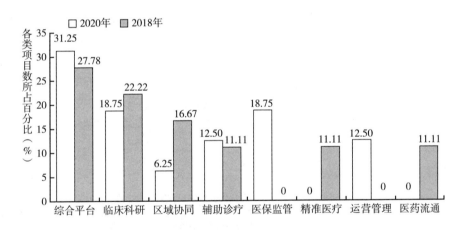

图2　医疗大数据产业发展试点示范项目方向统计

数据来源：作者据工业和信息化部办公厅大数据产业发展试点示范项目名单整理。

2021年3月出版的《中华人民共和国国民经济和社会发展第十四个五年规划和2035年远景目标纲要》指出，"数字化应用场景"之一的"智慧医疗"包括三类：一是完善电子健康档案和病历、电子处方等数据库，加快医疗卫生机构数据共享；二是推广远程医疗，推进医学影像辅助判读、临床辅助诊断等手段的应用；三是运用大数据提升对医疗机构和医疗行为的监

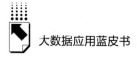
管能力。这三个发展方向与医疗大数据当前在医疗卫生机构的应用场景可谓异曲同工。

（二）医疗大数据服务发展策略

大数据产业生态联盟编写的《2020 中国大数据产业发展白皮书》指出，大数据技术在医疗行业的应用仍处于起步发展阶段，在数据存储能力、数据治理标准构建、数据集成及专业人才培养等方面仍存在较大挑战。

1. 技术策略

以医疗机构大数据应用为例，国家卫生健康委统计信息中心参考《数据管理能力成熟度评估模型》（GB/T 36073 – 2018），将医院数据治理评估由低到高依次分为初始级、受管理级、稳健级、量化管理级和优化级①。如表 2 所示，国际数据公司 2020 年 9 月发表的《中国医疗大数据解决方案同业洞察》探讨了建立大数据项目中选题、数据治理与分析、数据应用等关键步骤的最佳实践。

表 2　医疗大数据项目五个最佳实践

实践1	选题	确定大数据的价值点 ↓ 评估大数据的可用性和技术可行性 ↓ 医疗大数据解决方案建设思路
实践2	数据标准	确定医疗大数据的专科主题领域 ↓ 建立主题大数据标准 ↓ 设计大数据池的架构和数据治理体系
实践3	数据归集	采用灵活、丰富的数据集成技术以及有效的合作机制 ↓ 建立丰富的动态大数据池

---

① 国家卫生健康委统计信息中心编著《医院数据治理框架、技术与实现》，人民卫生出版社，2019。

续表

实践4	数据治理 与分析	建立高性能的大数据分析平台 ↓ 配备专业的大数据分析工具 ↓ 提供易用的操作平台
实践5	数据应用	基于大数据平台支持临床科研并建立临床应用系统 ↓ 使大数据平台动态运行,持续发挥价值

资料来源：Leon Xiao，IDC：《中国医疗大数据解决方案同业洞察》，2020年9月。

医疗大数据的技术发展趋势，并非孤立的大数据技术创新，而是既依赖于大数据采集、清洗、存储、挖掘、分析和可视化算法等的技术创新，又延展于与云计算、人工智能、物联网、区块链、5G技术等的技术融合。从技术策略上，需要"云大物移智"的合力推进，以实现新兴数字技术瓶颈、关键技术的协同攻关。拥有坚实的数据智能基础设施，是医疗大数据公司长足发展的安身立命之本。

2. 业务策略

新兴大数据技术厂商在医疗大数据营业收入上具备竞争优势，但仍不同程度地面临投入与产出不匹配、亏损严重的现状；传统信息化厂商虽已有较好的客户基础和研发优势，但商业模式大多仍停留在此前的经营范式中。医疗大数据如何变现，仍有较长的路要走。

综合来看，医疗大数据服务发展的业务策略主要包括：（1）自主研发与产学研合作相结合的研发模式可作为业务拓展的坚实基础。（2）打造行业重点、标杆客户与项目仍然是医疗大数据解决方案落地和推广的重要业务路径。大部分公司通过这一方式，将项目落地实施与产品体系搭建形成业务协同，将标杆项目打磨成符合医疗行业属性的、相对成熟的可交付产品模板，据此逐步降低客单价，为传统业务的持续增长提供动力。（3）公司内生态的云化升级与全方位医疗健康卫生创新的应用场景拓展相结合，已逐渐成为实力服务商的重点升级方式。一方面致力于实现全要素、全产

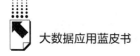

业链的云上连接，改变传统的软件服务模式、生产组织方式，驱动医疗卫生健康领域多业态的云化服务全覆盖；另一方面不断拓展医疗、卫生、医保、健康、养老等创新应用场景，逐步探索行业生产模式和商业模式的共同升级。

以技术进步为基础，医疗大数据服务商应持续搭建更多面向重点用户、面向典型应用场景的大数据应用，促进医疗卫生大数据产品推广应用和产业生态培育建设。2021年7月发布的《"十四五"优质高效医疗卫生服务体系建设实施方案》（发改社会〔2021〕893号），立足医防协同、区域均衡和重大战略、改革协同等原则，为2025年实现优质高效整合型医疗卫生服务体系列明了多个提升工程，这将成为医疗大数据技术落地应用新的增长点。

（三）典型行业案例

1. 卫宁健康

作为整体产品、解决方案与服务供应商，卫宁健康致力于将大数据技术融入现有产品体系和解决方案中，促进传统医疗信息化产品云化转型与完善（营收情况如图3所示）。以其"智慧医院2.0"产品为例，借助大数据分析技术，完成了护理管理、BI决策平台、医务管理、DRGs等产品的研发。这是传统信息化服务商的典型代表。

2. 医渡科技

医渡科技提供基于大数据技术和AI的解决方案（商业逻辑如表3所示）。2018～2020年，医渡科技经调整净亏损人民币合计近10亿元，但却在获得11轮融资后于2021年1月成功上市。公司未来的关键增长战略主要包括：继续加强数据处理能力（数据处理技术和AI算法）；加深和丰富对各疾病领域的认识和用例；扩大客户基础并加深现有客户的关系；发掘国际市场的机会；通过建立战略合作伙伴关系、投资和收购进一步丰富生态系统等。

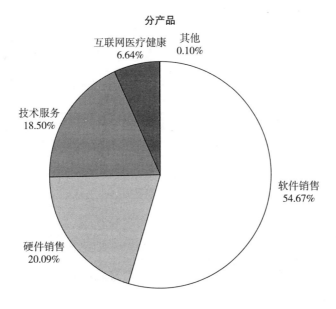

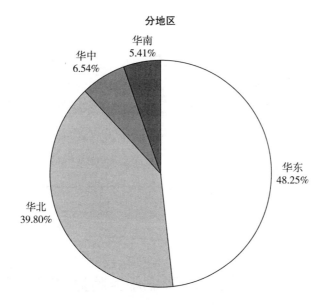

图3 2020 年卫宁健康营业收入分产品、分地区占比情况

数据来源：卫宁健康科技集团股份有限公司 2020 年的年度报告，2021 年 4 月。

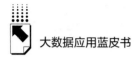

表3　医渡科技业务解决方案的产品、服务及商业逻辑

客户类型	产品和服务	商业化方法
大数据平台和解决方案		
医院	大数据平台（DPAP、Eywa）	● 前期平台开发和安装以及升级费 ● 维护费
	解决方案（医疗研究；临床诊断和治疗；医院运营管理）	● 永久或按期许可及/或订购费 ● 维护和数据处理即服务费
	研究网络	● 前期平台开发和安装费 ● 维护和数据处理即服务费
监管机构及政策制定者	大数据平台	● 前期平台开发和安装和升级费 ● 维护费
	解决方案（公共卫生监控；疫情响应；人口健康管理）	● 永久或按期许可、订购及/或按期服务费 ● 维护和数据处理即服务费
生命科学解决方案		
制药、生物技术和医疗设备公司	分析驱动型临床开发	● 服务合同收入主要按时间和材料基准收费
	基于真实世界证据的研究	
	数字化循证营销	
健康管理平台和解决方案		
患者	健康和疾病管理计划	● 服务套餐订购费
	在线咨询	● 按时间收取的咨询费
	药品和设备	
	保险	● 保险费的佣金提成
保险公司	保险科技解决方案	● 基于项目的实现和咨询费 ● 佣金提成

资料来源：《医渡科技有限公司招股说明书》，2020年12月。

四　中国医疗大数据服务趋势展望

（一）国家产业政策趋势

如图4所示，我国医疗大数据政策体系中，加强健康医疗大数据服务管

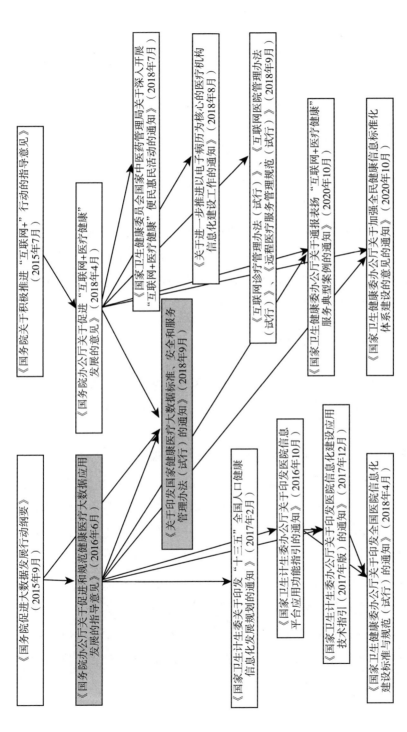

图4 医疗大数据相关政策体系示意图

资料来源：据中国政府网、国家卫生健康委员会等官方网站整理。

理，促进"互联网＋医疗健康"发展，以及加强各级医疗卫生机构信息化建设是彼此协同、合力推进的，这三条主线基本构建了医疗大数据政策方向指引的框架体系。

标准体系建设与安全体系建设是政策实施的重要保障。第一，标准体系建设方面，截至2020年8月，现行有效卫生健康行业信息化标准达到227条，未来仍将持续完善新兴技术的应用和技术标准规范的建设，提升各类应用的标准支撑力度，在全国逐步丰富新兴技术试点应用场景，扩大新兴技术的应用试点范围。第二，安全体系建设方面，《中华人民共和国数据安全法》已于2021年6月10日公布，中央网信办将根据相关立法规划计划，推动《中华人民共和国个人信息保护法》等制定出台，明确数据安全管理、个人信息保护的基本原则、管理框架和基本制度，明确个人、组织的数据安全权利和义务，完善数据安全责任体系和监督体系。

（二）服务应用需求趋势

未来一段时期内，医疗大数据应用需求将大致集中在两类，一是医疗大数据自身的深度应用，二是助推"互联网＋医疗健康"的支撑与协同需求。

医疗大数据应用发展将带来健康医疗模式的深刻变化。表4列举了部分医疗大数据应用发展的具体需求示例。以行业治理大数据应用为例，面向"十四五"乃至更长时期，推动公立医院高质量发展是医疗健康领域的重点工作，具体工作内容大致包括以下几个方面：（1）推动国家医学进步、提升全国医疗水平，以满足重大疾病临床需求为导向，促进关键核心技术攻关。（2）推动新一代信息技术与医疗服务深度融合，大力发展远程医疗和互联网诊疗。（3）提高资源配置和使用效率、健全绩效评价机制，不断提高运行效率等。这些需求的实现，需要基于对数据更有深度的挖掘和对行业更为全面的了解，以助力更为精准化的应用、更为精细化的管理。

表4　医疗大数据应用发展的需求分析

	领域	需求点示例
健康医疗大数据应用	行业治理大数据应用	深化医改政策效果评估监测 医疗卫生机构精益运营管理体系构建 居民健康状况等数据的精准统计和预测评价 协同医疗服务价格、医保支付、药品等业务信息的监测评价
	临床和科研大数据应用	构建临床决策支持系统 推动精准医疗技术发展 提升医学科研及应用效能,助推智慧医疗发展
	公共卫生大数据应用	提升公共卫生监测评估和决策管理能力 完善疾病敏感信息预警机制 提高突发公共卫生事件预警与应急响应能力 整合传染病、职业病多源监测数据,有效预防控制重大疾病 疾病危险因素监测评估和妇幼、老年保健等智能应用
	大数据应用新业态	健康医疗与养生、养老、家政等服务业协同发展 居家健康信息服务
	医疗智能设备	支撑数字疗设备、健康医疗智能装备产业升级
助推"互联网+健康医疗"	便民惠民服务	互联网健康咨询、网上预约分诊应用 移动支付和检查检验结果查询、随访跟踪等应用 预防、治疗、康复和健康管理的一体化电子健康服务
	远程医疗体系	提供远程会诊、远程影像、远程病理、远程心电诊断服务 健全检查检验结果互认共享机制 健全基于互联网、大数据技术的分级诊疗信息系统
	教育培训应用	支撑建立健康医疗教育培训云平台 网络医学教育资源开放共享 在线互动、远程培训、远程手术示教、学习成效评估等应用

资料来源:据国家卫生健康委员会文件精神及公开资料整理。

(三)服务模式创新趋势

目前,大部分医疗卫生机构并未真正实现基于数据集成的业务系统互联

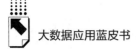

互通，医疗健康事业发展的数据服务应用、辅助决策分析以及资源有效配置等应用场景仍有较大发展空间。基于数据应用逻辑的信息化拓展服务模式、基于互联互通的云应用服务模式仍将持续一段较长的时期，现有医疗大数据公司将在应用落地的过程中逐步验证其商业模式。

未来的发展方向是以人为本的数据驱动服务模式。近年来，国家卫生健康委员会不断健全居民电子健康档案、电子病历、全员人口等数据库，加快推进统一权威、互联互通的全民健康信息平台建设。当各级各类医疗卫生机构接入相应区域全民健康信息平台后，在更为健全的数据安全机制保障下，可形成基于患者分布、资费、病种、资源消耗、诊疗方案等多维数据的综合研究成果。现有医疗卫生机构从统一的大数据平台获取患者信息，诊疗完成后又将患者的诊疗过程及结果更新至平台。这一体系形成后或将彻底改变现有的医疗模式，实现基于个人画像、全生命周期追踪的，从以治病为中心转向以健康为中心的全新医疗模式。

大数据对药企的革新也将是颠覆性的，随着基因测序的逐步普及，基因数据库建成后，药企将从过去的化学工程转为数据工程。药企不再只开发普适性药物，经历漫长的研发、实验、临床最终投入市场导致药品研发成本居高不下；变为针对个人基因开发定制的靶向药物，甚至定制个性化的终身健康服务。药企将围绕个体健康，覆盖运动、饮食、睡眠、药物等提供全方位的综合解决方案，建设以人为本的新服务模式。

B.14
电力大数据发挥独特优势，创造多元价值

刘素蔚　李心达　于　灏　柳占杰*

摘　要：　数据在数字经济时代是一种重要的资源和关键生产要素，能够被
　　　　　开发和利用，带来显著的经济、管理及社会效益。电力大数据具
　　　　　有准确性强、实时性强、价值度高、体量大等区别于其他领域数
　　　　　据的独特优势。在电网运营感知及预测、企业精益管理、客户个
　　　　　性化等方面有了长足的应用。这些应用在电力行业、电力企业自
　　　　　身的经营发展中发挥了重要作用，同时由于与经济社会发展有紧
　　　　　密而广泛的联系，电力大数据也是经济社会发展的"晴雨表"，
　　　　　能反映整个国民经济社会运行的实时电力消费情况。分析电力大
　　　　　数据能为经济发展和社会发展提供决策支持。

关键词：　电力大数据　电网运营　客户服务　企业经营

一　电力大数据基本情况

按照数据生成应用方式的不同，电力大数据主要包括客户数据、设备数
据、运行数据、管理数据和外部数据这五类。其中，客户数据是刻画客户用
电和缴费等行为的数据；设备数据是机器及设备通过传感器收集到的数据；

---

* 刘素蔚，国网能源研究院有限公司中级研究员；李心达，国网能源研究院有限公司中级研究
　员；于灏，国网能源研究院有限公司高级研究员；柳占杰，国网能源研究院有限公司高级研
　究员。

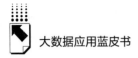

运行数据是电网运行状态时序数据；管理数据是企业内部运营管理过程产生的数据；外部数据是电力企业可获取但不由电力企业直接采集的数据。与经济等其他领域的数据相比，电力大数据有其自身特性、功能和作用机理，能够为反映经济社会运行提供"独特视角"，在多个层次、多个维度对经济社会的运行状况进行"刻画"。电力大数据主要特性如下。

第一，准确性强。随着智能电表的广泛普及和信息化建设的全面推进，大量电力数据（如用电量数据、运行数据、设备数据等）都是通过机器抓取的形式自动生成的，最大程度降低了人为因素的干扰，保障了电力数据的真实、准确。

第二，实时性强。电力系统具有瞬时平衡的特点，电力的生产、传输、转换、消费都是瞬时完成且同步进行的，电力数据中包含了大量实时数据。相当高比例的电力数据都是依靠智能电表等各类智能终端进行自动采集，能够实时、动态地反映电力消费、电网运行和各类电力设备的状态情况。

第三，价值度高。电力具有普遍服务的属性，与现代社会生产与人民生活的方方面面都有很强的联系。电力数据与经济、人口、交通、电信等领域的数据密切相关，将电力数据与其他领域的数据相互结合共同开展决策分析具有十分广阔的应用前景。

第四，体量巨大。以国家电网公司为例，公司电力数据总量接近30PB，并以每天超过60TB的速度快速增长[①]。未来，随着企业信息化水平不断提高，智能巡检、带电检测等设备数据以及电网运行、环境气象等数据还将以较快的速度维持增长。

二　电力数据的应用

（一）电力数据服务电网运营感知及预测

随着我国电力与公用事业的深化改革，电力交易市场化比重越来越大、

---

① 国家电网公司内部数据。

竞争更加激烈。当前，能源电力领域正从传统的产、供、销单向传输链条向多元互联平台转变。随着"碳达峰、碳中和"目标的深入落地实施，电力系统逐渐呈现出开放性、不确定和复杂化等特点，电网逐步演变为源网荷储等多重因素随机、时空不确定、新能源渗透性提升的新型电力系统。这对企业管理水平、运营水平、安全水平和成本控制提出更高的要求。在电力行业投资趋于保守以及传统售电业务利润空间缩减的巨大经营压力下，数据成为支撑新型电力系统建设、推动电力企业转型、进一步降本增效的核心突破要素，围绕电网智能运检、运行控制、企业管理和用电服务等领域的大数据技术对智慧、安全的电网的全面感知与赋能的趋势已全面展开。

1. 用设备状态数据感知电网运行

国家电网有限公司目前接入智能电表等各类终端5.4亿台（套）；智慧车辆网接入各类运营主体的充电桩130.6万个，电商平台注册用户2.25亿；覆盖全国约4.71亿客户的用电信息实现在线采集，正在开展终端标准统一、跨专业数据同源采集等工作①。为有效挖掘利用电网运行大数据，辅助电网精准规划投资和改造、助力生产一线及时掌握设备运营情况，开展了电网运营实时监测分析。一是分析电网运行设备状态。通过电网设备运行数据的人工智能分析加人员基础知识、经验的预判，分析电力设备的运行状态，展示包括设备运行年限、导线截面分布、架空线路导线界面分布等指标，监控各类装备运行健康状况，发现风险，及时更换。例如，计量装置质量评估是基于客户基础档案、用电信息采集等数据，从误差稳定、运行可靠、潜在隐患等方面分析计量装置运行状态、评价其运行质量。二是实现智能化风险预判。通过电网设备运行数据分析加风险预测模型，通过样本获取及预处理、数据分析及模型确立、模型训练及参数确定，建立可视化配电网运行风险监测系统并智能预测配网风险，为预测配网故障高危区域，指导电力检修部门主动开展配网检修、抢修工作，合理分配抢修资源，提供决策参考。例如，营配数据智能核查是基于营销业务、生产管理等数据，实现配网拓扑自动构

---

① 国家电网公司内部数据。

建和异常数据智能识别，并结合电网调度、用电信息采集等数据构建网架修正模型，实现网架数据的智能辅助修正，为营配贯通数据质量治理人员提供帮助的智能工具。

2. 用电力需求侧数据助力安全敏捷响应

当前，在复杂多样的能源互联网背景下，需求侧响应作为一种灵活资源将会占据更加重要的位置。届时不仅要考虑电力需求，而且要在冷、热、气、电等多种资源之间实现协调统一，比如市场电价高时选择就近的分布式资源转换提供电力。在数据公开、渠道多样化的途径下，用户可以方便地进行能量管理，从市场或者售电公司处收到信息并实时响应。一是建立用户侧负荷时时在线预测模型。基于智能电表用电量采集数据，结合深度学习神经网络构建用户侧负荷时时在线预测模型，通过模型对用户用电数据进行研判与分析，提升用户侧负荷预测水平。二是提升中长期负荷预测水平。考虑经济发展水平、国家政策、电价等因素，通过对历史负荷趋势、波动性等变化特性的标准化处理，形成大数据聚类的样本，通过聚类分析方法与预测模型，实现负荷中长期预测。三是用电资源优化配置。基于储能技术、大数据分析，双向通信和远程控制技术实现对电力用户需求侧的智能化管理，通过双向互动，激励用户侧主动参与电网的安全高效运行，实现配电及用电资源的优化配置。

3. 用大数据实现电网智能调度

由于各级电力调度中心在信息化建设过程中，各单位、各部门是以阶段性、功能性的方式推进，我国电力系统在调度控制方面出现配网采集范围有限、跨专业业务数据标准不统一、业务与管理尚未有机融合等突出问题，积累了大量采用不同存储方式、不同数据模型、不同编码规则的电网参数，这些数据既有简单的文件数据库，也有复杂的网络数据库，其构成了电网的异构数据源。通过电网多元数据融合、数据可视化、大规模结构化存储，增强了数据的耦合度，提高了调度智能化水平。一是异常数据统计。从电力系统海量信息中自动挖掘错误或异常数据，达到错误异常提示的目的。例如，系统实时采集各县域负荷并形成负荷曲线，当某县域负荷突增或骤减时，通过短信的形式告知调度专责。二是降低故障停电概率。调度大数据将检修停电、故障停电、接地拉路停电、过负荷限电信息自动提取，生成停电时段分布、当前停电设备、年度停电分布，辅助调度人员分析停电原因。三是提升调度精益管理水平。调度数据包含设备状态、运行、电网结构等各种类型数据，通过大数据云存储技术建立调度在线数据库，为调度各专业精益化管理提供全方位管理平台，促进调度精益化管理。目前部分地市已经实现了以居民用电消费行为分析和日常行为习惯做聚类分析助力电网负荷调节。降低电网处于高峰时段的负荷，并采用了负荷转移策略降低电网运行成本，节约能耗。

（二）电力数据助力企业精益管理与高效协同

企业精益的管理是指通过构建柔性灵活的组织架构、核心资源精益配置，数字技术的出现为企业运营管理注入了新的活力。管理的精益性体现业务的量化管理，管理事务从经验驱动变为数据驱动，管理流程与职责、制度、标准、考核等管理要素之间有效匹配和深层次融合；管理的高效协同性体现数据共享，从相互独立变为相互联系，利用线上线下的流程精简、不同组织间信任强化，以真实可信的数据、透明的业务流程促进企业高效协同，进行人力、财力、物力等企业核心资源集约高效配置，以此推进企业迈向智慧发展的重要阶段。

1. 数据赋能企业精益管理决策

第一，以运营数据准确刻画公司运营现状。以公司内外部数据为依托，对公司运营数据进行多维度挖掘分析，经过数据感知、信息交互、综合分析等环节，客观展现、评价公司运营现状与能力，把控公司整体运营状况。未来企业生产经营中的各类非结构化数据比重将越来越大，如何有效地依托大数据分析、人工智能技术来解析并提取非结构化数据中的有效信息，并服务于企业决策，将是企业未来依托数字化方法进一步提升精益化管理水平的重要任务之一。第二，以业务数据综合研判业务发展趋势。发展趋势分析能力的构建是基于海量明细数据，配合先进的趋势模型来预估未来一段时间的业务波动，需立足企业全局视角，形成前瞻性的趋势研判，提出经营决策和管理优化建议，及时预警潜在运营风险。虽然传统电力行业开展精益化决策的门槛依旧较高，但是通过客户信息数据以及社交网络数据，电力行业在经营管理风险预测方面已经取得显著成效。

2. 数据赋能企业资源管理高效协同

关键资源是指企业内部核心业务中不可或缺的人力、物力及资金等，而当前，数据也已经成为新时期关键的生产要素，可以赋予企业更强的市场竞争力。电力大数据可以清晰、客观、实时地反映企业内部关键资源情况，以海量、实时、高质量的关键数据要素为驱动力的系统内部的高效管控、高效发展是企业资源管理的核心思路之一。第一，以数据智能激发人力资源潜能。现代经济学理论认为，企业本质上是“一种资源配置的机制”，而资源配置需要及时、全面地获取相关的信息作为依据，员工作为企业活动的行使主体，在企业内员工之间便捷的沟通就是一种促进信息充分贡献，激发资源的有效配置，提升工作成效的有效方式。第二，以数据智能实现财务精益管理。第一次、第二次工业革命实现了机械对人力的替代，数字化技术的诞生，在某种程度上讲则是实现了技术对脑力的替代。一些流程较固定、重复性较高、难度降低的任务，甚至是一些模式化的分析工作可以不再依靠人工来完成。这种新的模式一方面能够提高流程性工作的标准性和准确性，另一方面能够将员工从烦琐的事务性工作中解放出来，去开展更具备创造性的工作。第三，以数据智能助力物资精益管理。对于传统电力这类资产密集型的企业而言，有效地掌握企业所拥有的资产情况能够帮助企业各部门开展工作，这类企业资产价值占比较高，且企业几乎所有的运营都围绕资产运行开展，因此，实现对资产的数字化管控能够促进企业内部各部门协同。第四，以数据互联互通提升企业网络化高效协作水平。针对企业一线业务，依托业务流程需求自动为业务前端员工推送所需数据，实现经营管理数据主动找人，降低基层员工数据应用难度。电网业务“数据找人”模式如图1所示。第五，以数据为基础重塑业务流程。提高业务并行协同能力，将串行部门流转类流程改为并行推进、存档备案的模式，提高决策审批效率。做到一是业务流程精简优化。在决策审批流程中嵌入数据分析模型，通过设定分析规则辅助决策，实现决策简化与流程优化。二是业务运作从串行到并行。基于运营管理数据，利用实时共享的业务数据提升业务协同力度，助力多个业务协作方通过数据及时交互推进业务并行化。目前，部分电网公司已经利用财务机器人助力提升效率。财务机器人目前已在购电费结算提报、月度汇报取数、损益预算执行跟踪、ERP 与财务管控账务核对、ERP 未清项清账、内部往来报表核对、财务稽核七个业务场景中应用，大大提升了工作效率。

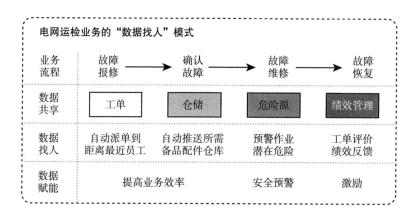

图1 电力领域数据找人模式示意

资料来源：课题组研究整理。

（三）电力数据实现客户服务个性化与人性化

经济社会发展到现在，已经进入了消费者个性主张极力彰显的时代，依据消费者的喜好提供服务，而非"标准化""规模化""无差异化"的服务，是一个企业提升自身竞争力的着力点。个性化服务是通过对各种渠道的资源进行整合和分类，以满足消费者的不同需求，是一种主动式服务模式。与传统被动式的服务模式不同，个性化服务可以充分利用各种资源，是以满足用户个性化需求为目的的全方位服务。基于前文所述，通过行为数据分析

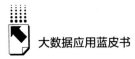

对消费者进行全面理解，筛选出个性需求，进而优化和改进服务模式，满足不同类型需求。

1. 基于客户需求完善内部管理闭环

第一，多维感知客户需求。不断提升客户数据的采集范围和密度，推动内部多业务领域客户数据及与外部数据融合，构建包含客户用能、缴费、投诉等行为特征的全貌标签体系，深入开展客户行为与偏好分析，全面及时掌握客户深层次需求。第二，深入开展根本原因分析。将客户需求信息与公司内部运营管理数据关联融合，围绕服务渠道优化、业扩抢修提速、客户接触支持等，开展针对服务便捷性、精准性和时效性提升的数据应用，探寻公司内部流程管理和电网运行控制存在的突出问题。第三，反馈迭代持续改进。从客户视角出发，构建涵盖各专业的问题识别、追溯全闭环流程，快速反馈迭代至客户服务的各个环节，依托加速全环节的数据流动来提升客户痛点解决的效率，驱动企业内部精益管理，持续有效提升服务质量，依托数据更好理解客户，为客户提供数字化增值服务。

2. 研判企业发展的潜在机遇与风险

第一，用行为数据分析实现客户全面理解。对客户的全面理解是为客户提供针对性、人性化服务和产品的基础。随着企业可以利用的数据采集方式不断丰富、数据维度不断提高，已经改变了从前只能利用发生交易的客户信息进行分析的情况，通过线上埋点、线下 Wi-Fi 探针、物联网、移动支付、位置服务等一系列数字化技术，并且通过设置场景、增强与既有客户和潜在客户的互动来丰富数据资产库，进而实现对客户在各个"场景"的交互行为进行分析，形成对客户的全面洞察。第二，用数据精准预测不断推进敏捷服务。除了可以大大减少客户服务时间，服务的"敏捷性"还体现在减少客户在消费过程中的无效时间。在传统的消费服务流程中，用户可能会花费较多时间在消费服务中间环节，这会降低用户满意度。而数字化手段的应用可以将这部分时间大幅压缩，节省用户不必要花费的时间，缩短消费服务流程。第三，用大数据分析规避客户服务风险。首先是识别窃电用户降低电费损失，依托负荷数据识别窃电类型，减低现场校核难度；其次是识别企业信用，依托用电数据和缴费行为数据等有效分析企业的经营状况，降低电费坏账概率，为政府和行业协会提供行业分析，为银行提供企业信用分析服务，降低贷款坏账风险；最后是依托客户报修、抢修及投诉数据分析提前预警客户投诉的风险，提升客户服务质量。

3. 服务智慧化满足客户差异需求

智慧化的服务核心在于激活潜在客户、沉淀既有客户，利用高效的用户交互实现服务模式竞争力的优化，这是企业服务所竭力追求的目标。因此需要率先在常态客户服务领域探索数据驱动的智能化服务模式，打造客户自助服务模式，优化客户交互体验。第一，打造客户自助服务模式，优化客户交互体验。推动常态业务线上化，在数字化服务渠道上部署各类常态化业务的服务功能，采集领域相关客户的业务需求数据。第二，建立客户交互模式。以客户视角作为切入，在各类数字化渠道上创建友好的客户交互界面，依托"选择题"的方式快速锁定客户需求，打造便捷化的客户交互模式。第三，探索数据驱动的自主服务。在客户交互的基础上，实现对客户需求的精准分类和定位，实现业务咨询、电费收缴、能效分析等数字化服务的实时交付，实现新装、增容、变更等用电需求及时受理与反馈，加快相关服务交付速度。

目前，部分电网公司开展网格化服务驻点优化大数据分析。国网客服中心建立了大数据客户画像带来的变化，平均通话时长由 170 秒缩减至 128 秒，服务评价推送率由 97.1% 升至 99.21%，客户满意率由 98.8% 升至 99.86%，同时更新迭代，进一步挖掘用户的个性需求，指导营销方案多样化[①]。

三 电力数据服务经济社会发展

电力大数据的价值不仅仅是有利于电网企业自身的运营管理优化，还反映了整个国民经济社会运行的实时能源消费情况。这些数据具有实时、准

---

① 国家电网公司内部数据。

确、量大、价值高的特点，克强指数①中就将用电量作为衡量经济增长的重要指标之一。但大数据理念的广泛应用为电力大数据拓展新价值带来了新机遇，电力大数据的价值挖掘迫切需要进行视角和视野的转换。传统模式当中通常是利用电量数据和经济之间的单一视角，而在大数据的新时代下，需要建立包含用电数据、客户行为数据、规划数据、运行数据等的电力大数据在经济、人口、环境等多视角下的关系，从而创造多元价值（见图2）。

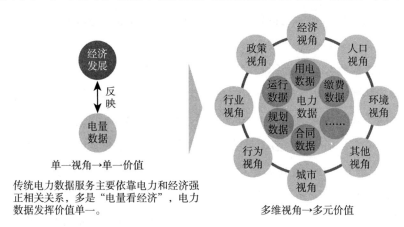

单一视角→单一价值

传统电力数据服务主要依靠电力和经济强正相关关系，多是"电量看经济"，电力数据发挥价值单一。

多维视角→多元价值

图2　大数据理念下的电力大数据视角转换

资料来源：课题组研究整理。

如图3所示，电力大数据服务于社会民生要聚焦政府关心的重大命题和百姓关注的热点问题，以电力数据资源为基础，适当地引入部分其他维度的数据，从多视角、多维度设计经济发展、民生热点、改革大局等分析主题。

（一）不同视角下从电力大数据看经济发展

电力消费和经济之间具有天然关系，尤其是耗电量较大的第二产业。但随着经济结构调整，我国经济中第三产业比重不断增加，导致宏观层面电力

---

① 克强指数是英国著名政经杂志《经济学人》在2010年推出的用于评估中国GDP增长量的指标，源于李克强总理2007年任职辽宁省委书记时，通过用电量、铁路货运量和新增银行贷款衡量辽宁省经济发展状况。

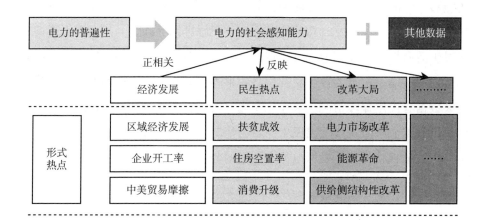

图3 电力大数据看社会民生

资料来源：课题组研究整理。

消费总量和 GDP 之间的关系变弱。依托电力数据分析经济发展需要新的分析
视角。第一，产业视角下的电力大数据看经济。依托电力大数据实现更细致
的产业划分能够很好地解决电力消费和不同产业之间相关性差异的影响，也
是依托电力数据分析产业发展最简单的方式。第二，区域视角下的电力大数
据看经济。党的十八大以来，中央从战略和全局的高度，继续深入实施区域
发展总体战略，提出了京津冀、长三角、粤港澳三大区域发展的顶层设计，
并着力推动形成优势互补高质量发展的区域经济布局，中心城市和城市群的
发展成为承载经济发展的重要形式，因此，依托电力大数据分析区域经济或
者城市群的发展情况，能够对国家制定有效的区域发展政策提供有力保障。
第三，时间视角下的电力大数据看经济。在时间维度上，分析不同主体的用
电量差异，从而能够有效地得到在特殊时间下用电量变化，推测特殊时期内
经济的波动情况，比如在特殊节假日（春节、十一黄金周等）和发生特殊事
件（如中美贸易摩擦等）时用电量的变化能够直观地反映经济变化。

（二）从电力大数据看民生热点

民生发展始终是社会关切点，电力大数据不仅能够反映居民生活情况，

还能够从侧面反映和民生发展相关的其他领域。如基础设施、公共事业等领域的发展情况，动态及时和其他民生相关领域进行关联。一是电力大数据看居民生活质量。居民用电量可以直观反映居民生活质量，在对国家进行区域均衡发展、缩小贫富差异、脱贫攻坚效果等方面都具有重要的意义。二是电力大数据看民生保障情况。医疗、文化、教育、交通等和民生保障相关领域的用电数据能够直观反映出民生保障的情况，在开展分析的时候要充分发挥电力大数据独特优势，确保电力大数据的分析价值。

Abstract

At the beginning year of the 14th Five-year (2021 - 2025) plan, "to speed up digitalization process and build a digital country" has become a consensus, "to build new strengths in the digital economy, adhere to new development concepts, and create a sound digital ecosystem" has also become the important goal and task through the 14th Five-year plan of PRC. Correspondingly, digital transformation will be the focus of the industries in the future, big data is the core foundation, the innovation and upgrade of industries would not be achieved without the recognition initiated by the data. The application of big data in various industries is becoming more and more important, and has become the essential support of the high-quality development of China's economy.

Big Data Application Blue Book is the first book in China that researches the application of big data, which is co-compiled by China Management Science Society Big Data Committee, Industrial Internet research group of development research center of the State Council and Shanghai Xinyun data technology Co. Ltd.

The blue book aims to give the description of the application of big data in various industries, fields, and typical scenarios, it analyzes current problems concerning big data and factors that limit its development. Also, it forecast the trend of the development of big data application based on its current actual situation.

Annual Report on Development of Big Data Applications in China No. 5 (2021) consists of general report, hot topics, cases, and analysis, which demonstrate the new characteristic that combines the digital technologies such as 5G, artificial intelligence, big data as the new cohesive technological application.

Annual Report on Development of Big Data Applications in China No. 5 (2021)

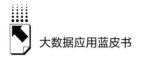

focuses on the digital transformation that enables the development of digital economy, it tracks the latest application in the industries of governance, archaeology, medical health, finance, electric power, manufacturing, and many other industries, and compiles application cases as well. For example, the book collects and analyzes in depth hot application cases of big data fusion such as application of industrial big data in wine industry; prediction on urban road speed based on deep learning; digital and smart upgrading of government service based on artificial intelligence.

The theme of 4th Construction Summit of Digit China is "activating the new motivation of the digits' elements and opening up the beginning page of Digital China". The theme of 2021 International Big Data Industrial Exhibition of China is "data creates value and innovation drives the future". At the same time, the 14th Five-year plan of local governments are trying to realize empowerment of data, to promote a deep fusion of digital economy and substantial economy, building a digital government and a digital society. The hot issues mentioned in the government work report for 2021 such as rural vitalization, peak carbon emission and carbon neutralization, are closely correlated with big data application and digital transformation.

However, the big data application is currently in an initial stage according to existing practices. There are more descriptive and forecasting analysis application, while less decisive applications that could guide the practice. Overall, China has made extensive explorations and attempts in big data applications, and has made a big progress. On the other hand, there still exists problems to be solved such as low efficiency of the governance system, insufficient grasp of underlying technology and superficial industrial applications.

The process of Digital China is arduous and long. Big Data Application Blue Book will keep focusing on big data application practice, and we look forward to bringing more representative cases about digital transformation, digital twin, digital government, digital countryside, and digital double carbon in 2022 to our readers.

Keywords: Digital China; Digital Economy; Digital Transformation

Contents

I General Report

B. 1 Transformation and activation: the key of the digital

development during the 14th Five-year Plan of China

Editorial Committee of Big Data Applications Blue Book / 001

Abstract: The requirement of China's digital development put forth by the 14th Five-year Plan, the goal of 2035 and the governmental work report in 2021, is accelerating the pace of building a digital economy, digital society and digital government, as well as driving a comprehensive system revolution motivated by digital transformations. In the beginning year of the 14th Five-year Plan, the report researches and analyzes the situation of the development of Digital China, based on the achievements made in the development of China's digital industry during the 13th Five-year Plan, and analyzed the new situation of digital economy in 2021. The report mainly focuses on the digital applications on digital transformation, digital twin, digital government and digital legislation. Also, combining with the rural vitalization, carbon peak emission and carbon neutralization noted in the the governmental work report in 2021, the report researches and analyzes the issues in a digital perspective. According to the report, China has made great achievements in digital development during the 13th Five-year Plan, and has gained leading advantages across the globe. The digitalization process will further accelerate during the 14th Five-year Plan. Finally, focusing on the overall strategy and global

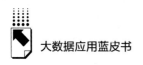

mindsets, China will develop in high quality driven by digital transformation, and maintain the global digital development advantage and establish a benchmark position during the 14th Five-year Plan.

Keywords: Digital Economy; Digital Transformation; Digital Twin; Digital Government; Digital Legislation

Ⅱ   Hot Topics

B.2   Analysis on Accurate Control of Safety Risk for New
Energy Vehicle

Jiang Liangwei, Kong Chenchen, Zhang Pei and Zhao Lei / 023

Abstract: In recent years, the rapid development and popularization of China's new energy vehicles have driven the green transformation and innovation of the automotive industry. However, it has also brought about safety risks. In response to the failure to deal with the hidden dangers of new energy vehicles in time, Traffic Management Research Institute of the Ministry of Public Security has conducted research on the cross-departmental cross-network integration of new energy vehicle monitoring data; the evolution mechanism of new energy vehicle safety hazards; and key technologies such as the precise tracking and investigation of new energy vehicle safety hazards. The Research Institute has built a new energy vehicle monitoring information sharing application platform, developed a new energy vehicle road operation risk full-process research and judgment system, a new energy vehicle road safety hazard precise control system, and achieved the deep integration of new energy vehicle monitoring resources between the Ministry of Industry and Information Technology and the Ministry of Public Security. Big data, artificial intelligence and other technologies are applied to accurately control new energy vehicles for the safety hazards and accident risks. The research results have been demonstrated and applied in Wuxi and Jiaxing, which achieved phased results.

Keywords: New Energy Vehicles; Monitoring Information; Sharing Applications; Risk Research and Judgment; Hidden Danger Management and Control

B.3 Smart Steel Research and Practice Based on 5G + Industrial

Internet

Liu Wei, Wu Tao, Shao Tao and Zhou Yaoming / 043

Abstract: The transformation of the steel industry from "manufacturing" to "smart manufacturing" is inseparable from the industrial Internet, 5G, big data, cloud computing, artificial intelligence, and support of platform. These technologies result in the achievement of basic automation, connection of equipment, unmanned operations, control automation, real-time synchronization of production and management information, production-marketing coordination, and dynamic market forecast. The establishment of an industrial Internet platform provides smart equipment, smart factories, smart operations, and helps the steel industry realize a collaborative ecosystem and digital transformation. Network is the prerequisite for the realization of the Industrial Internet and digitization of the steel industry. The transition from wired-based to wireless-based connection and replacement of traditional multiple access methods with 5G + fiber coexistence mode, jointly create a low-latency, highly reliable basic network.

Keywords: Industrial Internet; 5G; Digitization

B.4 Application of Industrial Big Data in the Wine Industry

Ye Yingchun, Qi Xuehao and Zhang Renyong / 065

Abstract: As one of the representative industries of agricultural production, the wine industry mainly includes two main parts: grape planting and wine making.

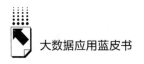

featuring long production cycles, difficulty in collecting process data, and complicated biochemical principles. These factors have brought difficulties to those who engaged in the cultivation and production of agricultural products in the production analysis and process optimization. To solve this difficulty, it is necessary to use new information technology to construct the process data set. However, the collection, transmission and storage of complex data put forward higher requirements for network throughput, delay, jitter, and packet loss rate. This requires a new type of industrial interconnection network and connection platform to support it. With the help of high-quality external networks, comprehensive utilization, and real-time monitoring of data in the process of grape planting and wine production are carried out, and data identification is established; based on this, data cleaning and conversion are completed, data warehouses are built, mechanism models are set up and virtual comparison experiments are conducted. The small-scale mechanism experiment of this method is completed offline, which relieves the user's concern about leakage of the production process. The massive parallel comparison data can greatly reduce the number of biochemical experiments and provide guiding opinions for the researcher to choose the research direction. The core advantage of the method is that it makes full use of high-quality external networks and big data to perform virtual logic comparisons, thereby completing the mechanism restoration test that cannot be reproduced on a small scale. At the same time, the core process landing experiment is completed offline, which relieves users from concerns.

Keywords: Wine Industry; Industrial Big Data; Perception; Interconnection

B.5 Application of Digital Twin Technology in Automobile Body Production   *Tang Wei* / 081

Abstract: The paper introduces the classification of digital twin applications, and the positive significance of promoting the transformation development of manufacturing industry chain from automation to digitalization and intelligentization. It focuses on the application and digital solutions of digital twin technology in the planning, design, and production process of autobody. With the goal of digital management in autobody line life cycle, the project divides the autobody line into three stages, such as prophase planning and design, production and delivery and the maintenance services as well. With the technical foundation of 5G, industrial internet and AI, the project provides the solutions to adapt to the need of different stages of digital planning, digital twin of autobody line process and the building of intelligent manufacturing service platform. It can effectively improve production efficiency, reduce production cost, and shorten the transformation and implementation period of autobody line. It mainly introduces the digital solutions of different scenarios, such as virtual and real 3D scanning reconstruction scheme for planning and design, 5G + VR authentication scheme, virtual debugging of autobody line with the working condition of all elements scheme, and intelligent manufacturing service platform for production operations, piping quality monitoring system and 5G + digital twin. It also analyses the key elements of digital twin lightweight modeling and implementation path, realizes the industrial energization and application promotion of 5G + digital twin technology in automobile, engineering machinery, semiconductor, rail transportation and other industries. It is beneficial to build the new forms of digital solutions based on 5G + digital twin which conform to the requirements of the national "Made in China 2025" development planning and has a large market space and application prospect.

Keywords: Digital Twin; Modeling Technology; Scene Visualization; Data Acquisition; Virtual and Real Reconstruction

B.6　Industrial Big Data Innovation Helps Enterprises Transform and Upgrade Intelligent Manufacturing

Chen Lucheng, Zhang Weijie, Sun Ming,
Zhang Chenglong and Gan Xiang / 101

Abstract: Industrial big data is triggering a new round of technological revolution. During the production, the new industrial intelligence excavates the

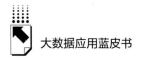

intrinsic value from the disordered big data to improve the production technology and enhance the product quality. Haier independently develops the COSMOPlat, the world's first industrial Internet platform of intellectual property rights with user participation in whole flow experience. Based on the platform technology resources, the industrial big data has been used to promote enterprise manufacturing and management, coordinate internal and external resources, and drive forward the reform of business model to realize streamlining, digitalization, and intelligent manufacturing to help enterprises to transform and upgrade their manufacturing.

Keywords: Industrial Big Data; Data Analysis; Intelligent Manufacturing; Data Value

Ⅲ Cases

B.7 Application of Big Data Normalization in Manufacturing Industry

Hua Ruzhong, Fan Peng and Ding Chen / 117

Abstract: With the intensification of global competition in manufacturing industries, Germany launched the "Industry 4.0" plan and China launched "Made in China 2025" development strategy to promote advanced manufacturing, where standardization is a key factor. For domestic manufacturing companies, the application of standards decides whether an enterprise can achieve transformation, upgrade, and industry development in the new era. This is of great strategic significance for promoting the future development of advanced manufacturing and promoting digital transformation. In traditional enterprise, the scarcity of new-generation information technology applications such as big data, cloud computing, and artificial intelligence has made standardization implementation high cost, low efficiency, and poor performance. Consequently, many manufacturing companies became reluctant to invest in standardization. The purpose of the standardization platforms is to utilize whole-process digital technology and full-life cycle closed-loop management in standardization, to which will drive down cost, and help standardization implementation. Therefore, enterprise will encounter less obstacles and establish their standards systems in a more efficient and convenient way, Enterprises can fully deploy the leading and guiding role of standards and finally achieve the effect of "higher standards, higher quality".

Keywords: Standardization Big Data; Standardization; Manufacture Industry; Digital Transformation

B.8 Service Platform for Industrial Organization Based on Big Data

Gao Zhongcheng, Sui Mingjun, Wu Dengdong and Ding Hongzhu / 140

Abstract: In recent years, big data technology has developed rapidly and has been widely used in various industries in China. To solve the current industrial organization difficulties faced by industrial parks and local governments, Zhongguancun Cooperative Development Investment Co., Ltd. established a big data industrial organization platform with the help of relevant technologies like big data and artificial intelligence. Massive data mining is used to fully restore the regional industry development dynamics; applications of machine learning technology accurately match and import industrial resources; solidification of experience into analysis models makes industrial services more efficient and convenient. The Zhongguancun big data industrial organization platform is promoting the transformation of the industrial organization model through the combination of big data and artificial intelligence technology.

Keywords: Industrial Organization; Big Data; Machine Learning

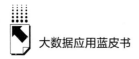
B.9 Practice of Digital and Intelligent Upgrading of Datong

Government Service Convenience Hotline Based on

Artificial Intelligence Technology

Cai Junwu , Gan Zhiwei and Wang Zhihui / 164

Abstract：Based on the vision of people-centered development, Datong government takes "12345" government service convenience hotline as the starting point of the digital and intelligent upgrading of government services. It systematically plans the "12345" upgrading idea, clarifies the requirements of "12345" platform, establishes the "4 + 1 + 1" service system, promotes the integration and innovation of technology and business, establishes a smooth and scientific working mechanism and build an agile service platform for Datong "12345" government service convenience hotline. Through the "two-wheel drive" of technology and mechanism innovation, Datong '12345' government service convenience hotline has preliminarily built a unified fast track for people's livelihood demands in the city, created a 7 * 24 - hour "sleepless government", bridged government and people more efficiently, conveniently and with human interest. The hotline promotes the digital and intelligent upgrading of governance services to a deeper level. It laid a solid foundation for Datong to promote the transformation and upgrading of governance services and building service-oriented government, and meanwhile provide experience for the digital and intelligent upgrading of similar business.

Keywords：Artificial Intelligence；Government Service；the 12345 Hotline；Digital and Intelligent Upgrading

Contents

Ⅳ Analysis

B. 10   Urban Road Speed Prediction Based on Deep Learning

Wang Zhong, Liu Guiquan ∕ 181

Abstract: The development of national economy and social productivity runs through all levels of people's lives. The research and use of transportation tools are an inevitable trend of human civilization and development. The fundamental driving force lies in the pursuit of a better and convenient life. When every household is immersed in the pleasure of buying and using a car, the subsequent social impact cannot be ignored. The rapid increase in traffic flow has led to frequent road congestion. Road traffic is facing severe challenges on how to ensure safety and improve traffic efficiency at the same time; thus, the development of intelligent transportation systems cannot be delayed. In this paper, based on the deep learning method, the task of road speed prediction in the intelligent transportation system is studied, and a road speed prediction algorithm based on graph attention network is proposed. Firstly, the algorithm uses the recurrent neural network to learn the current road condition information, and then models the short-term and long-term characteristics of the neighbor road. Then the model uses the graph attention network to weigh the influence of the neighbor road to predict the speed of the target road. The effectiveness of the algorithm is verified in the real traffic dataset.

Keywords: Road Speed Prediction; Deep Learning; Graph Attention Mechanism; Intelligent Transportation System

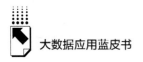

B.11　Prospects for Big Data Applications in Archaeology

Li Zihan / 203

Abstract: Politburo of the CPC Central Committee held the 23rd collective learning in terms of the latest archaeological discoveries in China in September 2020. General Secretary Xi Jinping emphasized "building an archaeological discipline of Chinese characteristics", which drew public attention to the discipline of archaeology. At present, many top academic papers have provided new perspectives on some frequently disputed issues in archaeology through analysis and comparison of various big data. Therefore, the application of big data is crucial to the idea of building an archaeological discipline of Chinese characteristics", which requires materialist thinking and the use of objective data to support archaeological research and studies. Nowadays, there is a rich accumulation of archaeology-related databases in each archaeological institute and museum in China. How to specialize and analyze these meaningful data is the key to solve many archaeological problems. Starting from the concept of "building an archaeology of Chinese characteristics" proposed by General Secretary Xi Jinping, this paper firstly reviews the application of big data in archaeology in China. Then it discusses the direction of big data in archaeology by analyzing the successful cases of big data application in archaeology and proposes the idea of establishing relevant big data analysis applications based on the existing critical problems in archaeology. Finally, it discusses in detail how to make use of the value of existing databases and apply professional data analysis to them.

Keywords: Archaeology; Big Data; Data Science; Archaeological Science; FLAME System

B.12   Design of Platform for Data Exchange Based on Block Chain
and Federated Learning

Li Wanghong , Fan Yin and Zhang Yan / 219

Abstract: Large scale data exchange in line with laws and regulations and data ethical constraints is an important conditional basis for making data as a production factor. As an emerging technology, federated learning solves the privacy problem of data exchange, which has been highly concerned by the academic community. However, its specific method is not mature, and it is far from large-scale application. The cooperation of blockchain and federated learning simplifies the data distribution scenario, provides the traceability of learning process, and realizes the "pre-evaluation" of data transaction. Based on the role of trust media of blockchain, the trusted privacy computing platform with multi-party cooperation can be realized by recording the training parameters, model data, data call process, etc. On the premise of not exposing specific data, through the data sharing of neural network model and gradient, the knowledge value contained in the data can be transferred to break the existing data island and build the data value chain.

Keywords: Federated Learning; Block-Chain; Data Transaction; Zero Knowledge Proof

B.13   China Medical Big Data Service Model Development Analysis

Zhang Sui / 240

Abstract: In recent years, medical big data industry has developed vigorously in China, benefiting from the opportunity rendered by the combination of policies on health care medical big data, "Internet + medical health" and smart hospitals. This paper teases out the development background of medical big data and

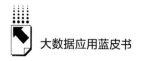

comprehensively presents the scale, characteristics, service model and business logic of the medical big data service market. It further analyzes service providers, application scenarios, technology and business strategies and cases and envisions the future development trend from the perspective of policy, application demand and model innovation.

Keywords: Medical Big Data; Service Model; Medical Ecology; Informatization

B.14 Power Big Data Plays its Unique Advantages and Creates Multiple Values

Liu Suwei, Li Xinda, Yu Hao and Liu Zhanjie / 259

Abstract: Data is an important resource and key production factor in the digital economy era. It can be exploited and utilized by human beings and bring significant economic, management and social benefits. Power data has the unique advantages of high accuracy, high real-time, high value, and large volume, which are different from data in other fields. It has been widely used in power grid operation perception and prediction, enterprise lean management, customer personalization and other aspects. The applications play an important role in the operation and development of electric power industry and enterprises. At the same time, with the existence of a close and wide link between power data and social-economic development, power data is also the "barometer" of economic and social development, reflecting the whole real-time electricity consumption of national economic and social operation. Big data analysis of electric power will provide diversified decision-making strategies for economic development and hot issues concerning people's livelihood.

Keywords: Power Big Data; Power Grid Operation; Customer Service; Enterprise Operation

社会科学文献出版社

皮 书

智库报告的主要形式
同一主题智库报告的聚合

✦ 皮书定义 ✦

皮书是对中国与世界发展状况和热点问题进行年度监测，以专业的角度、专家的视野和实证研究方法，针对某一领域或区域现状与发展态势展开分析和预测，具备前沿性、原创性、实证性、连续性、时效性等特点的公开出版物，由一系列权威研究报告组成。

✦ 皮书作者 ✦

皮书系列报告作者以国内外一流研究机构、知名高校等重点智库的研究人员为主，多为相关领域一流专家学者，他们的观点代表了当下学界对中国与世界的现实和未来最高水平的解读与分析。截至2021年，皮书研创机构有近千家，报告作者累计超过7万人。

✦ 皮书荣誉 ✦

皮书系列已成为社会科学文献出版社的著名图书品牌和中国社会科学院的知名学术品牌。2016年皮书系列正式列入"十三五"国家重点出版规划项目；2013~2021年，重点皮书列入中国社会科学院承担的国家哲学社会科学创新工程项目。

权威报告·一手数据·特色资源

皮书数据库
ANNUAL REPORT(YEARBOOK)
DATABASE

分析解读当下中国发展变迁的高端智库平台

所获荣誉

- 2019年，入围国家新闻出版署数字出版精品遴选推荐计划项目
- 2016年，入选"'十三五'国家重点电子出版物出版规划骨干工程"
- 2015年，荣获"搜索中国正能量 点赞2015""创新中国科技创新奖"
- 2013年，荣获"中国出版政府奖·网络出版物奖"提名奖
- 连续多年荣获中国数字出版博览会"数字出版·优秀品牌"奖

成为会员

通过网址www.pishu.com.cn访问皮书数据库网站或下载皮书数据库APP，进行手机号码验证或邮箱验证即可成为皮书数据库会员。

会员福利

- 已注册用户购书后可免费获赠100元皮书数据库充值卡。刮开充值卡涂层获取充值密码，登录并进入"会员中心"—"在线充值"—"充值卡充值"，充值成功即可购买和查看数据库内容。
- 会员福利最终解释权归社会科学文献出版社所有。

社会科学文献出版社 皮书系列
SOCIAL SCIENCES ACADEMIC PRESS(CHINA)

卡号：876522316659
密码：

数据库服务热线：400-008-6695
数据库服务QQ：2475522410
数据库服务邮箱：database@ssap.cn
图书销售热线：010-59367070/7028
图书服务QQ：1265056568
图书服务邮箱：duzhe@ssap.cn

基本子库
SUB DATABASE

中国社会发展数据库（下设 12 个子库）

　　整合国内外中国社会发展研究成果，汇聚独家统计数据、深度分析报告，涉及社会、人口、政治、教育、法律等 12 个领域，为了解中国社会发展动态、跟踪社会核心热点、分析社会发展趋势提供一站式资源搜索和数据服务。

中国经济发展数据库（下设 12 个子库）

　　围绕国内外中国经济发展主题研究报告、学术资讯、基础数据等资料构建，内容涵盖宏观经济、农业经济、工业经济、产业经济等 12 个重点经济领域，为实时掌控经济运行态势、把握经济发展规律、洞察经济形势、进行经济决策提供参考和依据。

中国行业发展数据库（下设 17 个子库）

　　以中国国民经济行业分类为依据，覆盖金融业、旅游、医疗卫生、交通运输、能源矿产等 100 多个行业，跟踪分析国民经济相关行业市场运行状况和政策导向，汇集行业发展前沿资讯，为投资、从业及各种经济决策提供理论基础和实践指导。

中国区域发展数据库（下设 6 个子库）

　　对中国特定区域内的经济、社会、文化等领域现状与发展情况进行深度分析和预测，研究层级至县及县以下行政区，涉及省份、区域经济体、城市、农村等不同维度，为地方经济社会宏观态势研究、发展经验研究、案例分析提供数据服务。

中国文化传媒数据库（下设 18 个子库）

　　汇聚文化传媒领域专家观点、热点资讯，梳理国内外中国文化发展相关学术研究成果、一手统计数据，涵盖文化产业、新闻传播、电影娱乐、文学艺术、群众文化等 18 个重点研究领域。为文化传媒研究提供相关数据、研究报告和综合分析服务。

世界经济与国际关系数据库（下设 6 个子库）

　　立足"皮书系列"世界经济、国际关系相关学术资源，整合世界经济、国际政治、世界文化与科技、全球性问题、国际组织与国际法、区域研究 6 大领域研究成果，为世界经济与国际关系研究提供全方位数据分析，为决策和形势研判提供参考。

法律声明

　　"皮书系列"（含蓝皮书、绿皮书、黄皮书）之品牌由社会科学文献出版社最早使用并持续至今，现已被中国图书市场所熟知。"皮书系列"的相关商标已在中华人民共和国国家工商行政管理总局商标局注册，如LOGO（ ▝ ）、皮书、Pishu、经济蓝皮书、社会蓝皮书等。"皮书系列"图书的注册商标专用权及封面设计、版式设计的著作权均为社会科学文献出版社所有。未经社会科学文献出版社书面授权许可，任何使用与"皮书系列"图书注册商标、封面设计、版式设计相同或者近似的文字、图形或其组合的行为均系侵权行为。

　　经作者授权，本书的专有出版权及信息网络传播权等为社会科学文献出版社享有。未经社会科学文献出版社书面授权许可，任何就本书内容的复制、发行或以数字形式进行网络传播的行为均系侵权行为。

　　社会科学文献出版社将通过法律途径追究上述侵权行为的法律责任，维护自身合法权益。

　　欢迎社会各界人士对侵犯社会科学文献出版社上述权利的侵权行为进行举报。电话：010-59367121，电子邮箱：fawubu@ssap.cn。

社会科学文献出版社